国家林业局普通高等教育"十三五"规划教材

高等院校园林与风景园林专业规划教材

A Tutorial of International Landscape Architecture Design Competitions

风景园林国际设计竞赛教程

刘晓明　郑　曦◎编著

中国林业出版社
China Forestry Publishing House

内 容 简 介

本教材全面指导大学生和研究生参加国内外风景园林设计竞赛,内容涵盖风景园林学科前沿的诸多热点问题,理论与实践相结合,图文并茂,深入浅出,循循善诱,使学生通过参加设计竞赛提高设计水平,同时培养学生以多层次思维来解决难点问题的能力。教材主要内容包括:风景园林设计竞赛概述、设计竞赛主题解析与参赛准备、设计竞赛获奖作品分析、设计竞赛相关理论基础。其中所选的获奖作品素材来自国际风景园林师联合会(IFLA)举办的国际大学生设计竞赛和IFLA亚太区国际大学生设计竞赛,以及国际建筑师协会(UIA)国际大学生设计竞赛、中国风景园林学会(CHSLA)大学生风景园林设计竞赛和"园冶杯"大学生风景园林国际设计竞赛。

本教材适用于高等院校风景园林专业、园林专业的本科生和研究生,可以作为参加国内外风景园林设计竞赛的教材和参考书,也可以作为建筑学、城乡规划学以及环境艺术专业本科生、研究生和教师的参考书。

图书在版编目(CIP)数据

风景园林国际设计竞赛教程/刘晓明,郑曦编著. —北京:中国林业出版社,2016.3(2021.5 重印)
国家林业局普通高等教育"十三五"规划教材　高等院校园林与风景园林专业规划教材
ISBN 978-7-5038-8356-9

Ⅰ.①风… Ⅱ.①刘… ②郑… Ⅲ.①园林设计-高等学校-教材 Ⅳ.①TU986.2

中国版本图书馆CIP数据核字(2016)第006207号

国家林业局生态文明教材及林业高校教材建设项目

中国林业出版社·教育出版分社

策划编辑:康红梅	责任编辑:田 苗　康红梅
电话:83143551　83143557	传真:83143516

出版发行	中国林业出版社(100009 北京市西城区德内大街刘海胡同7号)
	E-mail:jiaocaipublic@163.com　电话:(010)83143500
	http://lycb.forestry.gov.cn
经　销	新华书店
印　刷	北京中科印刷有限公司
版　次	2016年3月第1版
印　次	2021年5月第2次印刷
开　本	889mm×1194mm　1/16
印　张	10
字　数	273千字
定　价	56.00元

未经许可,不得以任何方式复制或抄袭本书之部分或全部内容。

版权所有　侵权必究

高等院校园林与风景园林专业规划教材
编写指导委员会

顾 问
孟兆祯

主 任
张启翔

副主任
王向荣　包满珠

委 员
（以姓氏笔画为序）

弓 弼	王 浩	王莲英	包志毅
成仿云	刘庆华	刘青林	刘 燕
朱建宁	李 雄	李树华	张文英
张彦广	张建林	杨秋生	芦建国
何松林	沈守云	卓丽环	高亦珂
高俊平	高 翅	唐学山	程金水
蔡 君	戴思兰		

序

介入国际学坛　争取攀登高峰

作为风景园林系的系主任和博士生指导教师，我1985年参加国际风景园林师联合会（IFLA）东京大会之后才了解到国际风景园林师联合会和联合国教科文组织（UNESCO）共同主办的"国际大学生风景园林设计竞赛"的魅力，竞赛的第一名就是最高奖暨UNESCO大奖。见景立生"学科教育一定要介入国际学坛"之想，随即组织学生参赛并为之代付参赛费。以中国传统园林艺术和设计的理法指导学生做现代社会休闲游览的风景名胜区规划设计。我的头一位获奖的研究生、现在北京林业大学任教的刘晓明在1990年就得了大奖。《人民日报》和中央电视台都先后有报道，刘晓明君到巴黎领奖。为祖国争光、为人民增光的喜悦初步体现了中国园林的核心价值。接着，好事不仅成双，而且是双双。继刘后，周曦君又获后一届大奖（1991年），朱育帆君则再获IFLA东区大奖（1995年）。一而再、再而三地获奖就不是偶然了。这生动地印证了当代的青年学生能传承和创新中国的园林传统，也印证了世界学坛承认中华民族的传统。将北京林业大学风景园林专业排名中国第一，学校因此为我颁发了特别奖励。做教师最喜之事是学生获得特殊成就之时。

后来，中国又屡摘国际大学生风景园林设计竞赛桂冠。"好汉不话当年勇"是既要肯定历史成绩，更要持续发展。从中可以广泛地学习其他国家和民族如何发挥综合保护和利用各自一方风水的资源进行园林艺术创作。我们的命运共同体是建立在共赢的基础上的。要充分发挥国际交流优势。包容性是中华民族文化的传统特色。

作为风景园林大学生设计国际竞赛的身历者，刘晓明教授深知其中的行业规定，按参与者的实际需要和郑曦君共同编著了《风景园林国际设计竞赛教程》。将历届优秀作品做了明晰的介绍，以扩大视野、启迪无尽的运思灵感，并提供图文并茂的参考资料；兼取国际和国内大学生设计竞赛的作品。这是功在当代、利在千秋的贡献。但愿藉此更好地传承和创新发展中华民族风景园林独特、优秀的民族文化传统，将玉成中国梦和世界梦融为人类命运共同体的锦绣前程。

中国工程院院士、北京林业大学园林学院教授

2016年3月

前　言

众所周知，我国的风景园林学科是保护、规划、设计和可持续性管理人文与自然环境的、具有中国传统特色的综合性学科。它涉及自然、社会、科学、文化、生产、生活等诸多层面，具有实践性强、多学科交叉的特点，涉及哲学、历史、艺术、建筑、工程、生态、林业、农业、土壤、气候、地理、地质、旅游、交通、环境工程、水利、污水和垃圾处理等诸多学科或领域。

对于尚处于在校学习阶段的各高校风景园林专业学生而言，要想提高风景设计水平和综合处理各类设计问题的能力，仅靠阅读教材和专业书刊，参加课程设计作业是远远不够的。我们的教学经验是必须指导学生积极参加国际、国内的风景园林设计竞赛，因为这类大赛往往反映了学科前沿的一些热点、难点和重点问题。学生通过参赛可以尽快进入一些具有挑战性的领域。同时，还可以全方位、多角度提升专业素质，学会如何进行前期分析和资料搜集、如何实地调研、如何通过头脑风暴和小组讨论高效地生成方案，学会如何协调团队内成员关系，齐心协力完成最终的作品。而且，多学科、多专业背景的学生在一起协同设计的经历也会大大拓展学生们的专业视野。而这些又都是未来的风景园林师必须具备的基本能力。

毋庸讳言，组织学生参加设计竞赛不仅可以大大提高各高校风景园林专业的教育水平，而且也有利于选拔优秀的人才。事实证明，那些在设计竞赛中获奖的学生往往在毕业后就业单位的选择、继续攻读硕士或博士学位，甚至在出国留学的申请方面都具有很大的优势，而实际上，他们在职业生涯中也表现得很出色。

北京林业大学园林学院是我国第一个获得国际风景园林师联合会（IFLA）国际大学生风景园林设计竞赛第一名暨联合国教科文组织（UNESCO）奖的学府，也是我国第一个获得国际建筑师协会（UIA）大学生设计竞赛大奖（Grand Prize）的学府，多年来在指导学生参加国内外设计竞赛中取得了令人骄傲的成绩。与此同时，我国其他高校的学生也在国内外设计大赛中取得了优异的成绩。为了鼓励更多的中国学生积极参赛，促进各高校风景园林专业设计课的教学工作，笔者认为，很有必要撰写一部处于国际前沿的、实用的指导学生参加国内外设计竞赛的教材。

本书适用于风景园林专业的本科生和研究生，可以作为参加国内外风景园林设计竞赛的参考书和工具书使用。笔者希望书中列举的优秀作品和介绍的相关知识能够给各位带来启发和灵感。本书选取的获奖作品素材主要来自 IFLA 举办的国际大学生风景园林设计竞赛和 IFLA 亚太区举办的国际大学生风景园林设计竞赛，此外，还有些作品选自中国风景园林学会年会大学生风景园林设计竞赛和"园冶杯"大学生风景园林国际设计竞赛。

本书的编著离不开众人的支持和帮助。首先要感谢孟兆祯院士,是他两次指导了中国的研究生获得IFLA国际大学生设计竞赛第一名暨UNESCO奖,开创了我国学生多次获得国际大赛奖项的新局面,为祖国赢得了荣誉,提升了我国风景园林教育的国际地位。此外,还要感谢提供获奖作品的学生及其指导教师、《中国园林》编辑部的金荷仙副主编和曹娟主任。叶森、李欣韵、徐珊博士生积极参加了本书的文字和图纸整理工作,在此一并感谢!

由于笔者学识有限,本教材还有不足之处,如国外的获奖作品介绍不多等,恳请各位读者提出宝贵意见,以便再版时加以完善。

刘晓明　郑　曦

2015年11月

目 录

序
前言

第1章 风景园林设计竞赛概述

1.1 风景园林设计竞赛的目的和意义 ………… 1
1.2 国际重要的风景园林设计竞赛 …………… 2
    1.2.1 IFLA国际大学生风景园林设计竞赛 … 2
    1.2.2 IFLA亚太区大学生设计竞赛 ……… 2
    1.2.3 中国风景园林学会大学生设计竞赛 3
    1.2.4 "园冶杯"大学生风景园林国际
        设计竞赛 ……………………………… 3
1.3 设计竞赛规则 …………………………………… 3
    1.3.1 IFLA及IFLA亚太区国际大学生
        设计竞赛规则 ………………………… 3
    1.3.2 中国风景园林学会大学生设计
        竞赛规则 ……………………………… 5
    1.3.3 "园冶杯"大学生风景园林国际
        设计竞赛规则 ………………………… 6

第2章 设计竞赛主题解析与参赛准备

2.1 设计竞赛主题集锦 …………………………… 8
    2.1.1 IFLA国际大学生风景园林设计竞赛
        主题选 ………………………………… 8
    2.1.2 IFLA亚太区大学生风景园林设计竞
        赛主题选 ……………………………… 8
    2.1.3 中国风景园林学会大学生设计竞赛
        主题选 ………………………………… 9

2.2 设计竞赛主题解析 …………………………… 9
    2.2.1 文化方向 …………………………… 9
    2.2.2 遗产保护方向 …………………… 10
    2.2.3 生态方向 …………………………… 11
    2.2.4 社会方向 …………………………… 13
2.3 参赛准备 ……………………………………… 14
    2.3.1 选题 ………………………………… 14
    2.3.2 现场调查与分析 ………………… 15
    2.3.3 解题（方案—深化—绘制）…… 16
    2.3.4 工具与表现技法 ………………… 17
    2.3.5 方法与技术要求 ………………… 17
    2.3.6 绘图要领及注意点 ……………… 18

第3章 设计竞赛获奖作品分析

3.1 获奖作品特色 ………………………………… 21
    3.1.1 主题鲜明 …………………………… 21
    3.1.2 构思巧妙 …………………………… 22
    3.1.3 过程清晰 …………………………… 22
    3.1.4 结论合理 …………………………… 23
3.2 IFLA及IFLA亚太区国际大学生风景园林
    设计竞赛获奖作品选析 …………………… 23
    3.2.1 第27届 IFLA大学生风景园林设计
        竞赛第一名及联合国教科文组织
        奖获奖作品分析 …………………… 23
    3.2.2 第28届 IFLA大学生风景园林设计
        竞赛第一名及联合国教科文组织
        奖获奖作品分析 …………………… 25

3.2.3 IFLA东区大学生风景园林设计竞赛一等奖作品分析 …………… 26
3.2.4 国际建筑师协会大学生设计竞赛大奖作品分析 …………… 27
3.2.5 第39届IFLA大学生风景园林设计竞赛一等奖作品分析 …………… 29
3.2.6 第40届IFLA大学生风景园林设计竞赛一等奖作品分析 …………… 32
3.2.7 第42届IFLA大学生风景园林设计竞赛一等奖作品分析 …………… 34
3.2.8 第44届IFLA大学生风景园林设计竞赛一等奖作品分析 …………… 37
3.2.9 第46届IFLA大学生风景园林设计竞赛 一等奖作品分析 …………… 39
3.2.10 2012年第49届IFLA大学生风景园林设计竞赛一等奖作品分析 …………… 39
3.2.11 第六届IFLA亚太区大学生风景园林设计竞赛一等奖作品分析 …………… 44
3.2.12 第47届IFLA大学生风景园林设计竞赛一等奖作品分析 …………… 47
3.2.13 2011年IFLA亚太区大学生风景园林设计竞赛一等奖作品分析 …………… 50

3.3 中国风景园林学会年会大学生设计竞赛获奖代表作品分析 …………… 52
3.3.1 2009年中国风景园林学会大学生设计竞赛一等奖作品分析 …………… 52
3.3.2 2011年中国风景园林学会大学生设计竞赛本科生组一等奖作品分析 …………… 53
3.3.3 2011年中国风景园林学会大学生设计竞赛研究生组一等奖作品分析 …………… 54
3.3.4 2013年中国风景园林学会大学生设计竞赛本科生组一等奖作品分析 …………… 56
3.3.5 2013年中国风景园林学会大学生设计竞赛研究生组一等奖作品分析 …………… 58
3.3.6 2014年中国风景园林学会大学生设计竞赛本科生组一等奖作品分析 …………… 60

3.4 "园冶杯"大学生国际竞赛获奖代表作品分析 …………… 62
3.4.1 2010年"园冶杯"大学生国际竞赛设计作品组一等奖作品分析 …………… 62
3.4.2 "园冶杯"大学生国际竞赛规划设计论文组一等奖、规划设计论文一等奖作品分析 …………… 66
3.4.3 "园冶杯"大学生国际竞赛设计作品组一等奖作品分析 …………… 71
3.4.4 "园冶杯"大学生国际竞赛设计作品组一等奖作品分析 …………… 77
3.4.5 "园冶杯"大学生国际竞赛规划作品组一等奖作品分析 …………… 79
3.4.6 "园冶杯"大学生国际竞赛规划作品组一等奖作品分析 …………… 81
3.4.7 "园冶杯"大学生国际竞赛设计作品组一等奖作品分析 …………… 84

第4章 设计竞赛相关理论基础

4.1 文化景观与遗产主题 …………… 88
　4.1.1 村落文化景观 …………… 88
　4.1.2 历史街区的保护和更新 …………… 92
　4.1.3 纪念性景观 …………… 97
4.2 生态主题 …………… 101
　4.2.1 滨水景观 …………… 102
　4.2.2 绿色基础设施 …………… 105
　4.2.3 绿道规划 …………… 108
　4.2.4 雨洪管理规划 …………… 121
　4.2.5 雨水花园 …………… 127
　4.2.6 棕地改造与设计 …………… 133
4.3 社会主题 …………… 137
　4.3.1 安全的社会 …………… 137
　4.3.2 康复的花园 …………… 140
4.4 结语 …………… 147

参考文献 …………… 149

第1章 风景园林设计竞赛概述

1.1 风景园林设计竞赛的目的和意义

众所周知,通过举办国际性的风景园林设计竞赛,可以从整体上促进各国风景园林教育的交流与发展,提高大学生的设计水平,具体表现为以下3点:

(1)引导学生参与创作

大学生设计竞赛旨在鼓励学生参与并更深入地认识规划设计工作,通过尝试来面对未来可能出现的各种观点及挑战,引导风景园林专业学生创造更宜人的人居环境,使景观与建筑、基础设施更好地发挥作用,并对自然环境和文化遗产保持尊重。

(2)选拔优秀的年轻人才

大学生设计竞赛可以推动全球范围内风景园林专业学生交流,促进风景园林学科的发展,对风景园林专业学生的优秀设计作品给予认可,利于发现并挖掘风景园林人才。

(3)推动风景园林教育的交流与发展

大学生设计竞赛有时可以达到一个可行的,甚至较高水准的目标,即建立一个允许国家、学校和专业组织共同评估、改进未来的风景园林的教育标准,寻求一个有利于推动风景园林教育交流发展的共同平台。

一般来讲竞赛选择的项目地点有两种情况:一是由根据竞赛组织者给出的具体设计项目地点和要求进行设计;二是根据竞赛组织者给出的总命题,由参赛者自选场地进行设计。此类竞赛所涉及选择的场地范围广泛,只要与所给主题相关的场地都可以进行设计,相对给定项目的竞赛更加灵活多元,让参赛者发挥的空间更大。

国际风景园林师联合会(IFLA)大学生风景园林设计竞赛官方网站上的一段话很好地概括了举办风景园林设计竞赛的意义:

到今天为止,国际风景园林师联合会(IFLA)大学生风景园林设计竞赛已经是 IFLA 世界大会的重要组成部分。该项竞赛的一个重要作用是通过教育促进和激励风景园林行业的发展——学生拥有了这样一次机会,与来自世界各地的同龄人分享和评论彼此的设计作品。准备竞赛过程中的知识储备和设计原则对于学生而言是很有用的实践经验,这些经验会帮助他们应对未来职业生活中的各种严峻考验。

每次竞赛都要求风景园林专业的大学生对一个特定的主题进行回应和做出有针对性的设计。这个主题通常与当年的 IFLA 世界大会主题相关,以促使学生积极思考、解决当地的现实问题,以适应其所在大学中设计工作室或相关论文的理论和实践要求。通过学生提交的参赛作品也可以看出学生的思考过程和内容:在当今的风景园林行业时代背景下,他们关注的是什么?他们怎么看待园林在我们生活中的作用?他们怎样看待自己的角色?

每次竞赛我们都可以清楚地看到,学生不仅仅关注自然风景,也关注文化景观。最成功的设计作品都有以下共同的特点:设计小组成员都非常清楚地了解该设计地块的背景,并且在设计中既采用了一套严格的分析方法,又有强有力的设计原则和实施办法。生态危机、遗产景观遭受破坏、社会的不平等,以及人与自然环境的整体关系是每年提交的参赛作品关注的主流。总体来看,参赛作品涉及的范围从特定场地的实践项目到概念设计和试验性设计无一不备,参赛作品包含了跨越尺度的城市与乡村的广泛的设计主题,充分反映出风景园林设计行业广阔外延的潜力。令人毫不意外的是,这些年来参赛项目的图解方式经历了迅速的发展变化,可以看到各大学项目持续在风景园林各领域处于领先地位。有趣的是,许多项目还表明学生仍在继续精进他们的手绘表现能力。

1.2 国际重要的风景园林设计竞赛

1.2.1 IFLA国际大学生风景园林设计竞赛

国际风景园林师联合会(IFLA)于1948年在英国剑桥大学成立,是世界上风景园林行业影响力最大的国际学术组织。其主要任务在于维护全球自然生态系统;推动和发展风景园林事业;为国际风景园林事业在各国的发展提供理论、技术和经验;通过研究和学术活动,将文化艺术和科学技术,应用到风景园林的设计、规划和建设中,使自然环境的生态平衡不被破坏。

IFLA 国际大学生风景园林设计竞赛 (IFLA International Student Design Competition) 是由 IFLA 主办,是 IFLA 世界大会 (IFLA World Congress) 期间的重要学生活动之一,也是全球最高水平的风景园林学专业学生设计竞赛。每年举办一次,通常在每年的 IFLA 世界大会前完成作品征集、评审,并于会上进行颁奖。竞赛由 IFLA 竞赛委员会负责,世界大会的承办方具体承办。

竞赛委员会一般会提前一年左右发出竞赛通知,确定竞赛题目。所有的参赛者,如果其作品满足规定的参赛作品要求,将获得一份参赛证书。对于给予竞赛大力支持的大学、学院或其他机构以及获奖者参赛时所在的单位将给予褒奖。

1.2.2 IFLA亚太区大学生设计竞赛

为配合每年一届的 IFLA 亚太区会议,由 IFLA 亚太区和承办会议的国家/地区风景园林学会共同指导和举办大学生设计竞赛。举办 IFLA 亚太区大学生设计竞赛的目的是对风景园林专业学生完成的优秀环境设计作品给予认可并鼓励,以便在亚太区内开展高质量的风景园林教育。

每年都会设置一个不同的参赛主题,大学生必须围绕这个主题进行设计工作,该主题往往与当年的 IFLA 亚太区会议主题相关。参赛作品必须关注参赛学生所学习或生活国家的城市景观的保护和创造,表现出对设计竞赛主题深入的思考和综合处理设计地块的方法,并在满足当代社会需求的同时对场所的地方精神加以探索。

评委会一般由 IFLA 亚太区各国代表组成。参赛者被认为无条件地接受以下竞赛规则:

①所有参赛作品的所有权归 IFLA 亚太区和会议承办国/地区风景园林学会共同所有。所寄作品将不退还作者本人。

②获奖作品将在 IFLA 亚太区会议期间进行展出。在学会认可的情况下,也可能在其他地方进行展览。

③IFLA 亚太区和会议承办国/地区风景园林学会保留对提交作品的任何部分或全部进行复制或出版的权利,除须声明作品的著作者外,无须事先征得参赛者的同意。

④晚于接收作品截止日期到达的作品将视为无效,与邮寄时间无关。

⑤所有邮寄费用均由参赛者承担。IFLA 亚太区和会议承办国/地区风景园林学会不承担海关或相关费用。不接受货到付费的邮寄方式。

⑥在评委会宣布最后评审结果前,严禁参赛者事先以任何方式出版提交的作品。

⑦评委会将主持整个竞赛过程,并且是各阶段唯一的裁决者,直至最后颁奖。

⑧有关竞赛的争议,若评委会不能解决,将由 IFLA 亚太区执委会指定一个仲裁委员会进行仲裁解决。

⑨禁止参赛者向评委会成员询问任何有关竞赛的信息。

1.2.3 中国风景园林学会大学生设计竞赛

中国风景园林学会（Chinese Society of Landscape Architecture，CHSLA），是由中国风景园林工作者自愿组成，经国家民政部正式登记注册的学术性、科普性、非盈利性的全国性法人社会团体，是中国科学技术协会和IFLA成员，挂靠单位是中华人民共和国住房和城乡建设部。1989年11月在杭州正式成立，办事机构设在北京，现任理事长为陈晓丽教授。

为配合一年一度的中国风景园林学会年会的举办，提高风景园林及相关学科、专业大学生的设计水平，鼓励和激发大学生的创造性思维，引导大学生对风景园林学科和行业发展前沿性问题的思考，中国风景园林学会每年都会举办"中国风景园林学会大学生设计竞赛"。

每年都会拟定一个特定的竞赛主题，要求参赛学生围绕该主题进行创意和设计，研究解决园林行业和城市发展中出现的现实问题和挑战。竞赛主题一般与当年的风景园林学会年会主题相关或相同，参赛者可自选与竞赛主题相吻合的场地与环境。竞赛分设本科生组和研究生组（含硕士、博士）。

1.2.4 "园冶杯"大学生风景园林国际设计竞赛

"园冶杯"风景园林国际设计竞赛旨在为毕业生们提供一个全面展示才华和互相学习交流的平台。同时为了进一步推动各相关院校、不同地区和国际间的专业交流，加快中国风景园林教育与国际接轨进程，提高国内风景园林院校的教育水平和质量，满足行业发展需要，培养复合、创新型人才，进而推动园林绿化建设的可持续发展。

1.3 设计竞赛规则

通常，国内外大学生设计竞赛会配合有关的学术或行业年会举办。有关竞赛通知会提前数月在网上发布，通知将包含竞赛的主题、内容和提交成果的要求和时间。竞赛组委会收到参赛作品后，将安排评审，宣布竞赛结果并组织颁奖活动。具体规则分述如下：

1.3.1 IFLA及IFLA亚太区国际大学生设计竞赛规则

IFLA认可的风景园林（Landscape Architecture）或相关专业（限尚未开设正式风景园林专业的学校或国家）的大学生，可以以个人形式或者以小组为单位参加。每个参赛者或参赛的设计小组只能提交一份参赛作品。如果参赛小组成员所学的专业交叉，风景园林专业的学生必须是该设计小组的组长。每个参赛小组的人数不应超过5人。

IFLA曾经提出用以下4个方面作为评奖的标准：

①独创性（creativity） 竞赛作品要求参赛者用创新的思维去全面解读竞赛主题，对自然环境和文化环境进行综合全面的研究，并采用创造性的设计方法，运用新颖活泼的表现手法，全方位、有趣地展示设计思想。

②可行性（feasibility） 竞赛作品要求设计思想着重探讨将景观作为综合手段来解决自然环境以及政治文化问题的可行性，要求作品具有一定可操作性。从自然环境到生物群落的栖息地，从空间到时间多层面地去探索方案的合理性与可实施性。

③可持续性（sustainability） 参赛作品要求参赛者将可持续概念融入设计的场地，通过对场地状况的调查与分析，结合场地的社会、文化、经济和政治等因素，在未来实现可持续发展的效益。

④地方性（locality） 参赛作品要求能反映场地独具特色的社会人文或自然环境，对地方性文化具有独特的认识，将特有的本土文化融入设计作品中，珍视本土文化的价值与精神，着眼于尊重传统文化。作品既要考虑自然生态环境的要求，又要结合使用功能的要求，将具有特色的景观要素与环境相融合。

IFLA亚太区曾经提出的评奖标准是：除了包括上述IFLA国际大学生竞赛的评奖标准以外，参赛作品必须关注参赛学生所学习或生活（亚洲）国家的城市景观的保护和创造，表现出对设计竞赛主题深入的思考和综合处理设计地块的方法，并在满足当代社会需求的同时对场所的地方精神加以探索；同时，对于亚洲发展中国家面临的特殊问题（包括人口和环境、边境冲突、战后生存问题等）做出有地方特色的回应。作品评审依据包括：

①有效地诠释竞赛主题；

②采用最好的方法，以提升风景园林的标准和实践；

③对环境、文化、历史和其他相关问题做出了合理的回应；

④综合风景园林的实践和美学方面。

通常，IFLA大学生设计竞赛提交的作品必须符合下列要求，否则将被取消参赛资格：

①所有参赛作品的文字说明部分必须使用英语，因为英语是IFLA的官方语言。

②必须提交一份申请表格（可以从当年的IFLA世界大会官方网站→学生竞赛栏目下载），表格的内容包括参赛团队人员基本信息、作品名称、学校和学院（课题组）名称以及院长（课题组负责人）签字，全部填写完毕后，保存成一个不可编辑的PDF文档。

③提交简要的设计说明，内容应包含参赛项目的背景、拟解决的问题、设计的特色和创新点等，以备评委会评奖报告和后续公开出版之需。需保存为一个PDF文件，标明作品名称，禁止以任何方式出现参赛人员及其所在学校的信息。文本不必整版，左对齐，双倍行距，采用Arial字体，字体大小12点。参赛作品应包含在2页PDF中（按照检视的先后顺序排好并编号），每一页均需按照标准展板排版，A1图幅，竖向版式，分辨率为300dpi，以供后续作品获奖后打印展板公开展览之需；同时也要注意确保以A3图幅出版于纸质印刷出版物上时能够清晰可读。不要在版面上标注任何关于参赛者个人和所在学校（课题组）的相关信息，当参赛作品被接收后，将会被一一对应地编上序号，参赛作品将会按照其编号提交评委会，以确保在评审过程中的匿名性。最终成果按照100%缩放比例打印时，必须能够清晰打印在2张A1图版上（每张图版的尺寸均为841mm×594mm，竖向排版），2张展板并列排版时，间距为20mm。所有参赛作品必须在截止日期之前统一发送至当年IFLA世界大会组委会指定的邮箱中，每年的提交截止时间都有差异。

而近年来，IFLA亚太区大学生设计竞赛的作品则要求采用4个PDF（便携文件格式）文件的形式，且当100%打印时，其大小达45cm×90cm，垂直显示的最终文稿将是135cm×90cm。所有PDF文件应采用光盘（CD-ROM）邮寄。4个PDF文件中不能包含作者姓名、指导教师姓名、所在学校等信息。一般要将一份完整的参赛资格声明，制作为一个PDF文件，然后存放在邮寄的光盘中。同时在邮寄的光盘表面贴上标签，标明作品姓名、所在学校和作品名称。必须对PDF文件进行命名，且标明文件的序号，以便发生混乱时进行识别。PDF文件内必须包含作品的全部信息，包括必要的文字说明，用英文书写。文字应尽可能少，但需对作品的设计意图、专门的问题或认识、采用的方法，以及理念等给予简洁和精炼的描述。图例、标题和其他相关文字均应用英文书写。

IFLA大学生设计竞赛曾经设有联合国教科文组织（UNESCO）奖、Zvi Miller Prize和Merit Award（优秀奖）。现在通常设有一等奖（Group HAN）、二等奖（Zvi Miller奖）、三等奖（主办国学会奖）和评委奖。具体奖项设置为：一等奖1名，IFLA奖（IFLA Prize），奖金3500美元及证书；二等奖1名，兹威·米勒奖（Zvi Miller Prize），奖金2500美元及证书；三等奖1名，优秀奖（Merit Award），奖金1000美元及证书（图1-1）。

IFLA亚太区大学生设计竞赛的奖项通常设置如下：一等奖1名，奖金1500美元＋获奖证书；二等奖2名，奖金1000美元＋获奖证书；三等奖3名，奖金500美元＋获奖证书。

图1-1 刘晓明于1991年5月3日在联合国教科文组织举办的颁奖仪式上用英文介绍获得1990年IFLA大学生设计竞赛第一名暨联合国教科文组织奖的获奖作品（Wolfgang Tochtermann摄）

1.3.2 中国风景园林学会大学生设计竞赛规则

中国大陆及港、澳、台地区的在校风景园林类专业 [包括园林、风景园林、景观建筑设计、景观学、城市规划（风景园林方向）、设计学（环境艺术方向）、建筑学（风景园林方向）、旅游管理（规划方向）] 的本科生和硕士、博士研究生均可参赛。参赛学生可以个人或者小组名义报名参赛（参赛小组一般不超过 5 人）。每名学生限报 1 件作品，即参赛者在报名表上只能出现 1 次，每件作品可设 1 名指导教师，每名教师参与指导作品一般不能超过 2 个。

优秀的参赛作品应能够围绕各次竞赛主题，针对我国经济高速发展和城镇化带来的诸多问题，运用风景园林的科学理论与技术方法，保护和促进自然环境、人工环境的健康、科学发展，提高人类生活质量，传承和弘扬中华民族优秀传统文化，促进以生态文明为基础的经济、政治、文化、社会等的协调发展，反映"生态文明""美丽中国"建设和城镇化的过程。在保证科学性、实用性、可操作性的前提下，做出有特色的作品。

提交的成果一般包括：A0图版1～2张，需有参赛作品的前期分析、方案平面图、立面图和必要的剖面图、效果图、景观意向图和文字介绍等，以及一张含有参赛学生和指导教师个人基本信息的参赛报名表，均为电子版。设计作品中的设计说明和注解均采用中文。如作品入选，主办方会将获奖作品打印成展板，在年会期间组织集中展览。

提交作品要为电子文件，一般包括A、B两个部分。A部分：参赛作品全部排在一张图纸上，含必要的设计图和说明文字。图像文件采用JPG格式，100%打印时版面为120cm×90cm（竖向构图）。草图扫描与图文排版时按分辨率300dpi（dot per inch）（获奖作品可能要求提供原始高精度图片，以备出版之用），但最后提交时可以适当压缩，总大小不能超过10M，否则无效。图像文件中不得出现任何反映作者、指导教师以及学校等相关信息，违者将取消参赛资格。文件命名为"注册号.jpg"，如045.jpg（"注册号"由竞赛组委会在参赛者报名后提供）。B部分：参赛报名表（见附件）含作品名称、作者姓名、指导教师以及学校名称等信息。报名表采用PDF格式，文件总大小不能超过1M。文件命名为"注册号.pdf"，如045.pdf。参赛者须事先填写参赛报名表，文件命名为"第一参赛者姓名+所在学校.pdf"，于截止日期前同时提交至竞赛指定的电子邮箱，竞赛截止日期每年都略有差异。

中国风景园林学会大学生设计竞赛奖项设置如下：①本科生组：一等奖1名，奖状+奖金6000元；二等奖3名，奖状+奖金3000元；三等奖5名，奖状+奖金1500元；佳作奖若干名，奖状。②研究生组：一等奖1名，奖状+奖金6000元；二等奖3名，奖状+奖金3000元；三等奖5名，奖状+奖金1500元；佳作奖若干名，奖状。

1.3.3 "园冶杯"大学生风景园林国际设计竞赛规则

国际任何国家和地区相关院校风景园林专业（包括园林、风景园林、城市规划、建筑、景观设计、环境艺术）的应届毕业生（本科生、硕士生、博士生）均可报名参赛。竞赛设置4类奖项：风景园林设计作品类、风景园林规划作品类、园林规划设计论文类、园林植物研究论文类。每类分别设置两组：本科组和硕博组。

个人参赛报名者由国务院参事、院士、院系学科带头人、活动组委会以及评委会委员推荐，填写个人参赛报名表提交。院校团体参赛由联系员统一登记本校学生报名，提交院校报名表至组委会秘书处。所有参赛学生必须进行网上报名。提交程序包括参赛作品（论文）提交和网展上传。个人参赛者自行邮寄光盘资料，院校团体参赛由联系员整理统一邮寄光盘资料。所有参赛者需进行网展作品（论文）的上传，以便参与网络投票。

"园冶杯"大学生风景园林国际设计竞赛奖项设置中，规划作品组和设计作品组分别评出一等奖5名、二等奖10名、三等奖20名、鼓励奖若干，同时不定期设立单项奖。按照网络投票结果评出最具人气奖，在规划组按照参赛者针对场地特征和场地关系分析的规划方案评出最佳场地分析奖，在设计组按照设计内容表现得当、色彩颜色搭配协调、艺术感染力强等要素评出最佳设计表现奖。

一等奖作品（论文）的指导老师，将被评为优秀指导教师。从院校组织报名的参赛高校中，根据参赛作品（论文）的提交数量，评选出优秀组织奖；依据参赛作品（论文）的获奖情况，评选出风景园林教育先进集体奖。对获奖学生及教师颁发证书和奖品，对获奖院校颁发奖牌及证书。同时由赞助企业或设立奖学金企业在颁奖现场对一、二、三等奖及单项奖的获奖学生颁发奖金。竞赛活动可以设立企业奖学金，奖学金可以以企业名称命名。奖学金主要用于活动的组织、评审以及获奖奖金的颁发。评审结果将在中国风景园林网进行专题报道，同时组织在相关院校中开展巡展宣传活动。获奖作品（论文）将有机会出版。

组委会指定的官方语言为中文、英文。参加毕业作品竞赛的学生需用本国文字（中、日、韩等）及英文两种语言进行设计题目、标注以及设计说明的相关表述。

竞赛作品要求如下：

(1)竞赛主题

本竞赛不设主题，但参赛的毕业作品要求科学、合理、有创新性。

(2)范围涵盖

公园、居住区、庭院、屋顶花园以及街道的园林设计；园林建筑、小品设计；城市、风景名胜区规划；广场、体育馆等环境设计。

(3)详细要求

①每套作品原则上设计成2张展板，3种规格，共6张图。根据不同用途，参赛者图纸必须按照以下3种规格进行设计（表1-1）。

表1-1 图纸要求

项目	图像大小（宽×高）	分辨率（dpi）	格式	图面要求
展览用图	90cm×120cm	150	jpg	在展板底部规定位置写清学校、专业、作品名称、作者、指导教师。其他位置不得出现学校、专业、作者、指导教师，建议最小字号不小于30点
评审用图	90cm×120cm	72	jpg	因采用匿名评选，展板任何位置不得出现学校、专业、作者、指导教师。需在规定位置注明报名序号
网展用图	1000像素×1333像素	72	jpg	同展览用图要求同评审用图要求。为方便浏览，图像另存时需调整参数（例如，适当降低图像品质）保证图像不大于500kb

②图纸内容包括总平面图、效果图、表现设计意图的其他图（剖面图、断面图、立面图、意向图等）以及设计说明，比例自定。

(4)竞赛作品提交

①提交作品图纸的同时，需提交作品登记表、作品版权声明表，要求所有文档的电子版刻成光盘提交，参赛者提交的所有电子版文件需包含在一个文件夹中，文件夹命名格式为"学校＋姓名＋报名序号"。

②参与院校需统一组织提交，内附本校参赛作品列表（包括报名序号、姓名、学历、专业、指导教师、作品题目、手机号码、E-mail等信息），需按本科生、硕士生、博士生等以及参赛类别分别提交光盘，个人报名需自行提交光盘，所有提交资料不予退还。

③图纸规格和展板数量不符合要求，没有按要求提交相关附件的作品将取消参赛资格。

④所有参赛毕业生在提供电子版相关作品资料以及书面打印材料的同时，需注册中国风景园林网会员并按网络提交要求，自行上传至网站参与网络评审。

第2章 设计竞赛主题解析与参赛准备

2.1 设计竞赛主题集锦

纵观过去逾20年国内外大学生设计的竞赛主题，可以说是基本反映了当时风景园林行业的热点问题。

2.1.1 IFLA国际大学生风景园林设计竞赛主题选（表2-1）

表2-1 IFLA国际大学生风景园林设计竞赛主题选

年份	竞赛主题
1990年	滨海景观（Coastal Landscape）
1991年	景观的再生和文化特征(Landscape Regeneration and Cultural Characteristics)
1995年	旅游影响——景观改变(Tourism Impact—Landscape Change)
1996年	城市中的水路(Water Route in the City)
1999年	①国际化面貌的城市开敞空间；②具有地域特色的城市公园
2002年	景观设计中废水的综合利用（Integration of Harvested Water in Landscape Design）
2003年	边缘的景观（Landscape on the Edge）
2005年	更为安全的城市与城镇（Safer Cities and Towns）
2006年	被破坏的景观：处在危机边缘的空气、水、土地（Damaged Landscapes: Air, Water and Land in Crisis）
2007年	让地球重归伊甸园（Edening the Earth）
2008年	因水而变：通往天堂之路（Transforming with Water: the Way to Paradise）
2009年	绿色基础设施：明天的风景园林、基础设施和人（Green Infrastructure: Landscape, Infrastructure and People for Tomorrow）

（续）

年份	竞赛主题
2010年	和谐共荣——传统的继承与可持续发展（Responding to Nature to Achieve Harmony and Prosperity—Traditional Inheritance and Sustainable Development）
2011年	城市的边界（Urban Boundaries）
2012年	智能景观改变生活（Creative Landscapes Transforming Lives）
2013年	救赎的园林景观（Redemptive Landscape Architecture）
2014年	思考并行动——地球、家园、景观（Urban Landscapes in Emergency-Creating a Landscape of Places）
2015年	未来的历史（History of the Future）
2016年	品鉴景观（Tasting the Landscape）

2.1.2 IFLA亚太区大学生风景园林设计竞赛主题选（表2-2）

表2-2 IFLA亚太区大学生风景园林设计竞赛主题选

年份	竞赛主题
1995年	旅游影响——景观改变(Tourism Impact—Landscape Change)
2009年	城市与风景园林的交融：面向未来的策略（Hybrid and Convergence of City and Landscape Architecture: the Strategies for the Future）
2011年	善待土地：人与土地和谐共存（Hospitality: The Interaction with Land）
2012年	风景园林让生活更美好（Better Landscape, Better Life）
2014年	绿色明天（A Greener Tomorrow）
2015年	山的未来——火山景观（The Future Mountain and Volcanoscape）

2.1.3 中国风景园林学会大学生设计竞赛主题选（表2-3）

表2-3 中国风景园林学会大学生设计竞赛主题选

年份	竞赛主题
2009年	融合与生长——情理之中，意料之外
2010年	和谐共荣——传统的继承与可持续发展
2011年	巧于因借，传承创新
2012年	风景园林让生活更美好
2013年	风景园林与美丽中国
2014年	城镇化与风景园林
2015年	全球化背景下的本土风景园林

2.2 设计竞赛主题解析

从上文分析，可以看出设计竞赛的主题非常多样化，并与主办单位所在国家或地区的背景密切相关。主要有以下四大方向。

2.2.1 文化方向

(1)场所精神

1979年著名挪威城市建筑学家诺伯舒兹（Christian Norberg-Schulz）在他的《场所精神——迈向建筑现象学》（Genius Loci –Towards a Phenomenology of Architecture）一书中提到，早在古罗马时代便有"场所精神"这一说法。古罗马人认为，所有独立的本体，包括人与场所，都有"守护神灵"陪伴其一生，同时也决定其特性和本质。

"场所"这个字在英文的直译是place，在狭义上的解释是"基地"，也就是英文的site。在广义的解释为"土地"或"脉络"，也就是英文中的land或context。"场所"在某种意义上，是一个人记忆的一种物体化和空间化。也就是城市学家所谓的"sense of place"，或可解释为"对一个地方的认同感和归属感"。除了国家文化象征之外，人们的日常活动、文化传统、场所基址创造了丰富的生活文化场所，尤其是通过价值的认同，人们通过日常生活赋予地方场所感和认同感。认同感即场所感的核心。

此类竞赛主题一般涉及的是对于具有历史文化、地域特色、人文风情的场地所具有的场所精神价值的认知，设计内容包含自然与人文两方面，需着重解决当代社会物质环境中的一些现实问题。其次，对某种特定类型的场地进行规划和设计，对于场地的选择会有一定的限制性，如滨水景观、棕地景观等。对于此类竞赛主题要考虑场地的特殊性进行功能性的设计，要考虑存在的各类问题，找寻突破口，协调和周边不同用地之间的关系，尊重场地的文化传统。譬如IFLA大学生竞赛1991年的主题"景观的再生和文化特征"、1999年"具有地域特色的城市公园"，其中一个选题方向即为基于场所精神和地域文化特征、利用风景园林技术和艺术手段解决现实中的环境问题的同时，延续场地的文脉和具有当地特色的文化传统，从而使得特定领域的场所感得以维系。

(2)地域自然景观

地域景观是特定地区的地理位置、气候条件、地形地貌等自然要素及其空间结构、演变规律的综合体现，是自然环境和人为环境交融形成的具有地域特征的独特景观。由于构成自然景观主体都是有生命的，往往也是十分脆弱的，彼此之间又是相互依赖和相互联系的，因此，要求风景园林师必须采取系统、审慎的工作态度，在充分了解地域自然要素和景观特征的基础上开展整治活动，避免过度的人工干预导致原有自然景观特征的丧失。

例如：中国地域广阔、地形复杂、气候多样，特定地域又聚居着当地的少数民族和原住民，进而形成了丰富多彩的人文景观，如何在风景园林设计中保护当地具有地域特征的自然景观，是风景园林师面临的挑战，同时也是基本要求之一。

不仅仅在自然要素占据大部分空间的村、镇、寨需要考虑地域自然景观的维系，在城镇建设中，也会存在地域自然景观的营造和保护问题，譬如如何恰当地选择当地本土植物营造景观，做到适地适树的同时兼顾美学特征，达到科学、技术与艺术的高度统一，这就需要风景园林师具有尊重地域文化的意识并对当地自然气候条件有一个充分、系统的了解。为了做到这一点，需要大量专业训练和知识与经验的积累，而其基本意识与认知则有必要在学生时代就加以培养和塑造，因此，在大学生风景园林竞赛中设立这一选题方向，并在设计中融入尊重自然的理念十分重要，也具有很强的现实意义。

IFLA国际大学生竞赛1990年的主题"滨海景观"、IFLA亚太区大学生竞赛2011年的主题"善待土地：人与土地和谐共存"均有基于原生状态下地域自然景观的风景园林开放空间营造和环境改造方向的选题。

(3) 文化传承创新和国际化

文化是一个非常广泛的概念。广义上来说是一种社会现象，是在人们长期生活、居住过程中形成的具有一定地域特征的行为或现象表现。人类的需求从广义来讲，分为物质生活和精神生活，风景园林就是在人类物质生活得到满足之后为了提升居游品质、提高生活质量而出现的一种文化载体，是展现一定时期和地域人们生活形态的一种形式，因此，风景园林也展现了当时当地的传统文化和社会风尚，成为反映社会审美的一面镜子。

在当今的国际社会，一个国家的强大，除了其工业、科技、国防等"硬实力"的强大之外，以文化为代表的"软实力"对其他国家造成的影响也是衡量该国国际地位的重要方面。文化强国的强大之处就在于能够将本国的优秀文化传统和意识形态以"文化输出"的形式传播出去，对世界各国产生影响；同时本国民众也对自己国家的传统文化有深入的了解和认同感，从而产生强大的向心力、归属感和民族凝聚力。对内来说，文化需要传承创新，才能够使传统文化有持久的生命力，不断适应新环境、新变化而为当代人所喜闻乐见；对外来说，文化需要输出和国际化，"文化牌"是有力提升国际形象和知名度的一条重要途径。而由于风景园林和建筑一样，作为文化的载体，具有浅显、可读、直观、亲人的特点，与人的衣食住行密切相关，所以理应作为文化输出"国际化"的先锋。思考风景园林文化的传承创新和国际化，无疑具有重大的现实意义，通过竞赛培养未来风景园林师的文化意识，使其眼界放长远，而不是局限于当下一时一地的设计，十分必要。

IFLA国际大学生风景园林设计竞赛1999年的主题"国际化面貌的城市开敞空间"、2010年的主题"和谐共荣——传统的继承与可持续发展"、中国风景园林学会大学生设计竞赛2011年的主题"巧于因借，传承创新"，这些特定题材的选择和竞赛要求，让参赛者有一个机会去认真思考风景园林文化的传承创新和国际化问题。

2.2.2 遗产保护方向

历史文化遗产属风景园林范畴，是指从历史、美学的角度看，建筑样式结合等方面具有突出价值的建筑或建筑群体，或具有突出普遍价值的人工物品或人与自然共同创造的物品和工程。

随着城市化进程的快速发展，近些年大学生风景园林竞赛的主题对具有悠久历史和文化传统的历史文化遗产的保护提出了更多的关注：如何将当地传统文化特色与自然生态的风景以及人工修建的园林景观相结合，体现出人与自然的和谐共存，更好地保护历史文化遗产？地域文化的传承相较其他各种文化，其所占据的角色孰轻孰重？如何面对传统园林文化的继承与发扬以及在当代社会环境下的生存与转型？在多元文化的交融中，传统风景园林风格该如何寻求生长点？如何理解当代风景园林地域文化与地方特色的形成？这些都是当今风景园林师需要面对的问题。

IFLA国际大学生风景园林设计竞赛2010年的主题为"和谐共荣——传统的继承与可持续发展"，要求参赛者对城市的历史遗址保护和更新提出独特的见解，要求参赛作品采用创新的理念和方法，在满足现代社会需要的同时，珍视场地的历史价值和人文精神。

文化景观概念的普遍使用始于20世纪90年代，联合国教科文组织（UNESCO）世界遗产委员会在1992年首次承认"文化景观"，并提出，文化景观是指与人类社会共同演进的、具有很高自然价值和历史价值的区域。它的核心思想是以动态、具体的文化角度来剖析和解读景观的生成、形态及意义，强调人与自然的互动性。

"文化景观"主要分为两大类：第一类是"人类有意设计和创作的景观"，此类景观包括园林、公园以及填海造田等一系列景观；第二类是"有机进化的景观"，这类景观是指"通过与周围自然环境的关联或回应而发展至今"的景观。

IFLA国际大学生风景园林竞赛1991年的主题"景观的再生和文化特征"回应了"文化景观"这一新兴概念，通过竞赛导则与要求，引导参赛者在充分理解"文化景观"概念的基础上，做出合乎时代审美、有利文化传承和历史遗产保护的参赛设计来，"再生"即为"有机进化"，而"文化特征"强调的是景观中蕴含的文化理念和文化传统。如何正确看待文化景观和与之相关的历史文化遗产传承问题，是当代的风景园林师必须要面对的现实挑战。

2.2.3 生态方向

2.2.3.1 水综合利用

城市存在的环境问题日益严重，特别是对水系的污染，如污水、废水等核心问题，引起了人们对生态环境问题的关注。纵览近年IFLA竞赛的选题，风景园林研究的领域在不断扩大，更加强调生态性。应在生态措施方面更注重用生态的手法去解决具体的技术问题，同时与当地的历史人文相结合进行多方面、多角度的综合考虑，引导参赛者将生态的理念融入作品，从新的角度、用新的思维来应对这些危机，并将生态工程技术与景观设计手法相结合，解决存在的环境问题。

譬如IFLA国际大学生风景园林竞赛2008年的主题"因水而变：通往天堂之路"特别指出：气候变化及其对环境和天气状况的影响是全世界的普遍现象，但是对各个国家的影响又不尽相同，尤其是对那些特别关注水数量与质量的国家。那么，什么将是创造新的环境状况的方法呢？其中应该包括具有前瞻性的规划方法（水、能量、物质、信息等）的可持续循环以及创造新的空间环境的方法。在参赛导则里，也同样指出：参赛者应找出其所关心的当地自然环境或者人类生存环境中存在的水环境问题，并将此问题与某个特定的场所相结合；制订一个创新且有启发作用的方法以解决上述问题，参赛者的想法需要包括以下观念中的一个或多个：理想主义、独到、完美、可持续性、自给性。实质上这就给了学生一个机会去认真思考我们这个星球面临的水危机——如何解决和治理水污染问题？如何合理调配水资源？如何使水环境与园林景观相结合，使得人们享受美的同时不影响现有水环境的质量，同时使受污染的水得到净化？在设计中正确面对并妥善处理这些问题，有助于培养学生的环境意识，为他们日后投身风景园林行业后始终牢记"自然为本"打下基础。

2.2.3.2 绿色生态基础设施

绿色基础设施的定义是：具有内部连接性的自然区域及开放空间的网络，以及可能附带的工程设施，这一网络具有自然生态体系功能和价值，为人类和野生动物提供自然场所，如作为栖息地、净水源、迁徙通道等，它们总体构成保证环境、社会与经济可持续发展的生态框架。20世纪90年代"绿色基础设施"的概念正式提出，英美国家的一些学者将其从生态基础设施中分离出来，但是其发展却有着非常深远的思想渊源。"绿色基础设施"的概念被认为是公园游憩体系—绿带—绿道—生态基础设施等这一系列城市绿地建设理论的延伸和发展。

2009年IFLA国际大学生风景园林竞赛的主题是："绿色基础设施：明天的风景、基础设施和人"。它对参赛者提出了新的挑战：要求参赛者选择一块能进行可持续概念设计的场地并演化出对场地状况进行调查、询问、提供需要和可持续选择的设计方案。同时要求设计方案能够揭示出场地的社会、文化、经济和（或）政治因素，并且通过技术、方法和美学手段传达，试图通过对未来的展望从而探索风景园林中的可持续发展的主题。参赛过程中可能涉及与特定主题相关的场地类型，如废弃地修复与再利用、城市水体的规划与改造、城市雨洪基础设施建设、城市排水设施管理、气候变化与景观的关系、城中村环境设施的改善等。这些问题都是城市当下面临的严峻现实问题，通过竞赛主题的限定使参赛者对这些问题做出积极的应对，具有很强的理论和现实意义。

2.2.3.3 生态修复

大自然具有很强的自我修复能力，大多数情况下，人类需要的是减少对生态系统的干扰，采取适当的措施控制火灾、虫灾和杂草，自然界所具有的顽强能力，将逐渐恢复并实现生态系统的各种功能。不过除了自然修复以外，还可以采用生态修复的方法。

所谓生态修复是指对生态系统停止人为干扰，以减轻负荷压力，依靠生态系统的自我调节能力与组织能力使其向有序的方向进行演化，或者利用生态系统的这种自我恢复能力，辅以人工措施，使遭到破坏的生态系统逐步恢复或使生态系统向良性循环方向发展。主要指致力于那些在自然突变和人类活动影响下受到破坏的自然生态系统的恢复与重建工作，恢复生态系统原本的面貌，比如砍伐的森林要种植林木，退耕还林，让动物回到原来的生活环境中。这样，生态系统得到了更好的恢复，称为生态修复。

目前生态修复与风景园林结合，形成了"景观生态修复"这一全新的概念。景观生态修复包括多方面的内容，目前这一领域的研究集中在以下几个方面：

(1)棕地景观生态修复

致力于用风景园林设计相关的技术手段，恢复城市边缘和郊区的废弃工业遗址、受到工业和生活垃圾污染的土地、垃圾填埋场及其他不可再利用的土地，在尊重其历史发展脉络的基础上，做出合理的设计，改善地区环境，重塑生态功能。

(2)河湖景观生态修复

河流是文明的起源，河流孕育了生命，带来了文明，但工业化快速发展的今天，越来越多的污染物被排入河流，已经远超过河流的自净能力，许多河流成了排污专道及污水的长期滞留地，伴随着河流的不断污染危害也应运而生，制约城市发展的同时对人类的健康也造成了很大的危害，因此，水体污染治理刻不容缓。

河道是包括河堤、护坡、河床、水体和生物等的复杂生态系统，既是防洪排涝和引水抗旱的通道，又是生态、景观、休闲和旅游的重要场所。河道生态修复技术起源于欧洲，生态修复是一项复杂的系统工程，将生态学原理与工程知识融合在一起，目的是依靠自然的自我修复能力，并辅以适当的人工措施，加速被破坏的生态系统的功能恢复。

河道生态修复是综合了水文、土地利用、地貌、水质、生物与生态，甚至娱乐、经济、文化等方面的一项生态学原理与水利工程相结合的技术，通过河道的生态修复将受到人类干扰而退化的河流恢复至原来没有受干扰的状态，或者是恢复到某种合适的状态。在实际修复中，一般很难使河流恢复到原来没有受到人为干扰的状态，河流的修复目标通常是使河道生态系统恢复到与被破坏前的近似状态，且能够自我维持动态均衡的复杂过程。

(3)海岛景观生态修复

海岛大多面积不大，地域结构简单，生态系统构成较为单一，生物多样性较低、稳定性差，是一个相对独立、相对脆弱的地理区域，与外界的物质流、信息、人员联系渠道比较简易，因此，与陆地相比海岛的生态系统较为原生脆弱，保护难度大，容易因无序、无度开发而遭到破坏。

一般海岛的生态修复只要将其恢复到健康状态即可，但旅游型海岛不同，其在生态修复过程中必须要同时考虑景观的优化和美化，不仅要让生态系统恢复到健康状态，而且还要不断提升海岛景观生态系统的稳定性和生态环境的观赏性，增加旅游吸引力，增强旅游发展的可持续性。因此，旅游型海岛景观生态修复与优化有自己的特色，必须要专门加以研究。

(4)城市裸地景观生态修复

城市土壤是城市自然生态系统的中心，承担着重要的生态服务功能并起着保护城市环境的作用。

由于城市土壤大部分被建筑、道路、广场等人工构筑物封闭，其生态功能消失殆尽，仅有一小部分露出的土壤维系着城市脆弱的自然生态系统，发挥生长植物、过滤水分、交换热量、净化污染物的功能。

人们在热衷于绿地建设和景观营造的同时留下了数量众多的裸土地，它们广泛分布在城市居住区、公园、道路、儿童游戏场、体育场等地，成为城市绿地系统的一块块"斑秃"，对城市景观、生态环境、居民健康等产生着巨大的消极影响，应该成为城市规划者和建设者关注和亟待解决的问题。

2.2.3.4 可持续发展

可持续发展（sustainable development）是指既满足当代人的需求，又不损害满足后代需要的发展。换句话说，就是指经济、社会、资源和环境保护协调发展，它们是一个密不可分的系统，既要达到发展经济的目的，又要保护好人类赖以生存的大气、淡水、海洋、土地和森林等自然资源和环境，使子孙后代能够永续发展和安居乐业。可持续发展与环境保护既有联系，又不等同。环境保护是可持续发展的重要方面。可持续发展的核心是发展，但要求在严格控制人口、提高人口素质和保护环境、资源永续利用的前提下进行经济和社会的发展。

城市景观作为城市外部空间的重要组成部分，是城市的有机体，是人类活动重要的室外场所。目前世界各国，尤其发展中国家城市建设正在快速和空前地发展，城市环境承受着巨大的压力，城市系统在自然演变与城市发展间的相互关系更加脆弱。因此，从这个意义上讲，只有可持续发展的道路，才是城市及城市景观的出路。而城市系统的规划与设计应以生态城市的理论做指导，从"自然的"和以生态为中心着手，用环境保护的最新成果去指导城市规划设计，达到可持续性发展的要求。这其中包括土地利用的高效率、能源利用的高效性、植物配置的生态性、对自然群落的保护和利用、对水资源的有效利用和保护等多个方面。

2.2.4 社会方向

2.2.4.1 安全的城镇

联合国人居署（United Nations Human Settlements Program, UN-HABITAT）于1996年6月在土耳其伊斯坦布尔第二届人居大会上颁布了一项特殊的有关安全城市的计划——《人类居住议程》，并通过了《伊斯坦布尔人居宣言》这一重要的纲领性文件。联合国人居署有两项战略性活动：安全的土地保有权全球运动和城市管理全球运动。两项运动的目标是加强与各国各级政府和民间社会，尤其是与代表城市贫困人群的部门之间的合作，以提高公众意识，改善旨在消除城市贫困的国家政策和地方战略，加强社会融合与公正，促进更加透明与可靠的管理。"更为安全的城市和城镇"（safer cities and towns）曾在2005年成为IFLA大学生竞赛的主题，以此激励从事风景园林专业者就"景观怎样使城市和城镇变得更安全"的问题进行探索。对于更加安全的城市，命题者对安全有以下解释："可达的、活跃的、安全的，即居民和访客感到有助于开展活动的；不同类型的使用者感到可以接近的；公共空间的使用不存在过度的限制和障碍的形态。"将安全性诠释为远离犯罪，远离由交通工具造成的各种形式的伤害，为各年龄段的人群提供用于游戏和休闲的安全的地点和场所。提供安全性还意味着创造一些具有挑战性的场地，在那里，年轻人可以检验自己面对危险的能力，学习怎样在不危及他人或不把自己不适当地置于冒险之中的情况下跳跃、平衡和躲避危险。参赛选题要求参赛者对于选定地区有广泛的史料研究、社会调查，并挖掘场地的文化价值所在，结合分析其演变过程，多角度地考虑物质、文化环境和社会治安状况，找出问题所在，从而探索出一条人性化、和谐治理的解决方案，从而让城镇达到安全、和谐、平稳过渡的目的，并为此类城市边缘地带在城市化进程中的平稳过渡提供参考方案。

2.2.4.2 和谐的环境

在当今的世界，一方面，随着城市化进程的迅速发展，人口的快速增长，用地的日益紧张，引发了一系列的生态环境问题，使得人们越来越关注环境问题的解决，如何运用风景园林去构造更为和谐的社会环境、生态环境就成为了热点话题；另一方面，自然灾害对于生态环境的破坏而产生的影响也被重视，如2008年发生在中国四川省的"5·12"汶川大地震对震区人民的生活及生态环境造成了难以磨灭的影响，如何配合市政规划，对破坏的城市基址进行重建与修复引起了风景园林行业从事者更多的关注与探索。对于此类恢复性规划要求在安全保证、宜居环境的创造以及文化保留3个层面进行生态性的恢复规划，从而创造一个安全宜居的环境。2013年IFLA国际大学生设计竞赛的竞赛主题"救赎的园林景观"既关注地震、洪水、台风、森林火灾等自然灾害过后带给自然和人类景观的伤害，同时也关注了金融危机、石油泄漏、城市人口爆炸、恐怖主义等给城市、生活和环境带来的影响，这些都是人们周边的自然或人工景观中不和谐的因素。该次竞赛希望参赛者能够深入思考：风景园林师在这些天灾人祸面前能做什么？重建、维持或修复，风景园林师该如何介入灾后景观的恢复过程？在设计上做出怎样恰当的响应？当然，这些举措的最终目的，都是重塑我们的生活空间环境，并营造和谐的园林景观。

2.3　参赛准备

2.3.1　选题

对给定的竞赛主题内容，进行相关的资料收集整理。第一阶段的资料收集主要是找寻与竞赛主题相关的内容和设计方向，方便后续的选题和具体设计地块的选择。参赛小组成员需要对竞赛主题内容进行详细分析和解读，可以从多个类型、多个角度着手查找相关的信息，对其归类整理，方便找寻入手角度，定位主题。这期间小组内可以相应地分工合作，譬如抽出专人分别进行文字、图片的整理工作，以及资料的整合提炼工作等，在此基础上找到着力点，提出几个可能的选题方向。

选题方向是竞赛能否取得成功的关键一环，因此必须特别重视。选题之初，首要是讨论，而且最好是多次讨论，从多个备选的选题方向中确定最终的解题方向，团队组合也要经过认真考虑，对每个组员的能力要做到充分了解：能否合作？擅长哪一方面（是擅长资料分析整理、文本的撰写还是长于制图排版）？谁作为组长来协调其他组员（一般是提出选题方向和概念并获得肯定和通过，确定为最终选题的人当组长统筹协调）？这些问题都需要尽快落实下来，这期间也要经常与指导教师进行沟通，从而最终确定选题内容和组长以及组员名单、分工。

在确定了解题的大方向之后，接下来便是结合主题与手头收集到的相关资料，对具体开展设计的场地进行选择。对于场地的选择需要注意以下几点：

①所选场地应属于具有一定代表性、具有一定特殊意义或地位的场地　通常代表当地特有的文化特征，具有较高的景观和文化的双重价值，并且具备相当的普遍意义。对于参加类似于IFLA国际大学生设计竞赛、IFLA亚太区大学生设计竞赛这样主题宽泛的国际性赛事而言，所选场地还应具有一定国际知名度和影响力的，或者至少用先进的风景园林手段解决一个在当地有代表性，同时又是国际上热门的生态环境问题。

如第42届IFLA世界大学生风景园林设计竞赛一等奖作品《安全盒子——北京传统社区的儿童安全成长模式》（2005年），在场地的选择方面，将清华大学建筑学院吴良镛教授设计的北京菊儿胡同作为设计场地，是因为菊儿胡同有着它特殊的意义和地位：一方面，作为北京传统胡同社区中的一部分，它极具民族特色，是中国传统文化的代表之一，承载了北京城几百年的历史和文化；另一方面，20世纪90年代初，由清华大学吴良镛教授设计的北京菊儿胡同危旧房改建工程，其研究成果先后获国家和建设部（现中华人民共和国住房和城乡建设部）的优秀设计奖、亚洲建筑师协会建筑设计金牌奖和联合国世界人居奖，具有相当的国际影响力和知名度。同时，参赛学生们在先锋建筑师的试验场上进行尝试，再加上该区域悠久的历史和文化底蕴，就好比登高远望，站在了巨人的肩膀上，而且其原始设计本身大量的资料和研究成果也为竞赛设计工作节省了不少时间，最终获得了巨大的成功。

②参赛者对所选场地比较熟悉和了解　对其场地本身和周边环境有较深入的调查与研究，并且有部分和场地相关的图纸与数据文字资料（有时场地本身不方便去实地调研，拥有这些资料就非常重要）。

如第39届IFLA世界大学生风景园林设计竞赛的参赛者们以曾经参加过的导师王向荣、林箐教授主持的研究课题——"杭州西湖西进可行性研究"作为基础，选址西湖周边的溪流湿地，借课题研究的机会对西湖西部区域进行了科学系统的调查分析，对西进区域内的3条溪流进行了具体勘查，对这3条溪流的汇水面积、日（年）径流量、污染情况都进行了较为详尽的分析、计算和处理相关数据，并针对各溪流的污染问题考虑用湿地生物塘的方法对溪流水质进行净化，对西湖西部的规划和发展提出了科学的前沿研究成果。这使得后一阶段的参赛设计不仅具有理论上的先进性，而且也具有很强的可实施性，参赛学生在前期积累的详尽的场地相关资料，也为获奖打下了坚实的基础。

③所选场地具有一定的理论与实践指导性　即针对所选择场地的设计改造，其理论意义和实践成果（若有）对同类型园林景观发展建设有指导和推动作用，而不仅是为了应付竞赛、打动评委而随意地玩概念、搞形式主义，如此就失去了参赛本身的意义。

④所选场地具有一定现实可行性　既便于本人力所能及地进行实地调研考察，又具备被现实生活中的城市规划建设发展或利用的潜力。如果场地情况特殊，不方便实地考察，但本人拥有较为翔实的资料、数据和图纸，也是可行的，但一般不推荐这样做。

⑤所选场地存在的问题较为复杂多样，矛盾较为典型突出　对于场地的生态问题、社会问题、经济问题、文化问题都应有综合的考虑，选取场地也应具有较好的园林美学价值，能够为该区域日后的综合治理提供相应的参考，并要求参赛者能够抓住诸多复杂问题中的重点和切入点，进行有针对性的详细设计。如能够满足上述这些条件，参赛作品获奖的概率将大大提升。

2.3.2　现场调查与分析

在确定所选场地之后，如无特别困难的情况，参赛者需要亲自前往所选场地进行详尽的现状调研，找到场地设计需要解决的具有针对性的核心问题所在，并通过查阅大量关于该场地历史、地理方面的文献（地方志、史书记载、当地口耳相传的传说和历史等），水文水利资料，气象数据资料，社会、资源、人口构成相关资料以及当地（场地内及周边环境）生态、水土保持、动物植物等相关专业文献，理清核心问题的发展变化脉络，进而初步找到解决该核心问题的方法和思路。对场地的分析不要停留在表面问题的感性分析和判断，要深入挖掘问题的根本原因，从多个角度层面入手，理性、系统研究。此后即可进行参赛设计方案的初步构思。

方案构思主要包括以下几个阶段：

①概念构思阶段　尝试简要叙述设计原理（尽量用简单明了的形式分条列出，以备小组讨论评判之用），设计方案的选取应以具有一定可行性和可操作性为原则。

②方案深化阶段　这一阶段需要理清方案设计理念、设计思路等，逻辑尽量清晰而有条理，并要紧扣且有针对性地解决现状分析中发现的核心问题。可以采用图表、泡泡图、流程图的方式将设计思路具象化，这些成果在后一阶段的工作中也能用得上。推荐使用XMind软件辅助这一阶段的工作，并采用小组讨论的"头脑风暴"方式

迸发创意，尽快确定方案思路和方向。

③方案绘制阶段　在方案的思路确定后，尽快落实到具体的形式语言上来，对于设计形式反复推敲、修改，要求其能够反映设计者所要达到的目的，并切实解决场地的核心问题。通过应用二维和三维绘图软件绘制分析图、平面图、立面图、剖面图、效果图、鸟瞰图等图纸，用图面与文字结合、图文并茂的方式，表达设计人员针对场地核心问题的解决方案。这一阶段应尽量和指导教师多进行有效沟通，同时要进行多次小组内乃至小组之间的讨论，在不断讨论交流中深化、修改和完善方案的所有图纸。

④排版出图阶段　将第三阶段的成果（各种图纸，包括分析图和文字说明）按照竞赛组织者要求进行排版，通常是排入1～2张A0图版当中，排版的美观度和逻辑性也是竞赛能否取得成功的关键所在，整洁大方或者富有创意的排版会给评委留下良好的第一印象，而如能将排版和设计创意巧妙融合，更能为参赛作品加分。但需要注意的是重头戏仍然是参赛作品本身的理念和创意，切莫在排版上挖空心思，花费太多精力，这样无异于舍本逐末。在第三阶段方案绘制过程中，可以安排专人进行排版工作，可将需要的图纸用灰色色块代替进行预排版，对于所需图纸名录、位置和大小有一个大体的把握，并及时和其他小组成员沟通，要求他们对于所绘图纸进行调整以符合排版要求，但总的原则仍然是要以方案本身和图纸本身为主，为了排版需要而折损图纸表达内容完整性是万万不能出现的。

⑤其他收尾工作　按照组委会要求完善提交资料，如由专人负责撰写说明文本、登记表格和相关缴费事宜，在提交前的最后时间花半小时对照参赛说明仔细检查所有文件是否已按照组委会要求准备完毕（包括图纸是否已转成Jpg或Pdf格式，文件大小是否符合要求，说明文本的字数是否超出规定限制，文本本身是否按照参赛要求转换格式、登记表格是否按要求填写等），最后仔细对照作品提交邮箱，由于世界各地存在时差问题，一定要算好时间，确保在当地时间的截止时间之前将作品提交到指定邮箱，需要注意的是，在截止日当天提交电子文件很可能会失败，因为太多的文件都在传输过程中可能造成网络拥堵。

2.3.3　解题（方案—深化—绘制）

关于参赛作品的"解题"阶段，有必要详细说明一下。参赛作品的"解题"应主要包括4个部分：第一部分为研究背景，即问题的提出，主要阐述选题方向和对本次竞赛主题、参赛队伍所选题目的理解，属于综述部分，应在高度概括的同时，言简意赅，抓住重点叙述，不应出现深化设计阶段的内容；第二部分为场地现状分析，也就是分析核心问题的过程，要对之前实地调研的成果，搜集到的场地历史、地理、社会、人文资料和水文地质、土壤、动植物等资料数据进行筛选，找出和场地本身核心问题密切相关的部分，进行精炼概括，逐条罗列，而不应该是前期资料的大量堆砌和拼凑，以显示出参赛人员对于场地核心问题的把握和准确理解，进而赋予下一阶段设计概念和形式语言以逻辑上的合理性和说服力；第三部分是设计概念，也就是如何针对场地面临的核心问题以参赛设计者的身份加以解决，具体来说即为设计形式本身，包括设计基本结构、道路系统、基础设施、植物配置的生态性与园林化、针对动物的考虑、原生环境的保护对策等，成果包括平面图、立面图、剖面图、效果图和鸟瞰图、分析图等，通过图示语言体现参赛作品的独特性；最后是结语部分，对整体设计构思进行总结并进一步回扣主题，这一般出现在设计作品版面的最后，或者放在开头大标题的下方，和现状分析并置，从综述到总述一脉延续，思路上具有连续性。

可以说，竞赛的"解题"部分和撰写学术论文具有相似之处：研究背景相当于文献综述；现状分析和解题过程类似于研究意义和方法的提出；而设计概念是核心内容，类似于学术论文的主体部分，需要条理清晰、逻辑严谨；结语则概括了问题总的解决方案，也提出了研究的局限性和对未来的展望，使整个参赛设计方案更具说服力和客观性。因此可以得出这样的结论：参加这样的大学生设计竞赛对于培养风景园林专业学生的科学研究能力和主动寻求创新的精神大有裨益，尤其对于风景园林专业的硕士研究生来说，由于本专业的特殊性，这是他们未来从事科研工作的先导和启蒙，是一次不可多得的锻炼机会。如果有可能，研究生应在学习年限内至少参加一次这样的竞赛，而且最好在一年级入学后即参加，对于他们拓宽学科视野、增强实地调研和分析、研究、解决问题的能力十分必要。

2.3.4 工具与表现技法

(1) 前期

前期用流程图、分析图、泡泡图的方式表达"解题"过程，整理提炼参赛者在调研阶段搜集到的资料、图纸等，可以应用的软件有XMind、PowerPoint、Word、Excel等，分析图也可手绘表达，以表述清楚参赛者意图和想法为目的。

(2) 方案生成阶段

方案生成阶段推荐直接采用手绘的形式表达参赛者的设计，可以应用的工具包括：绘图纸、描图纸、硫酸纸、美工笔、铅笔、墨线笔、马克笔、彩铅等，有条件的也可使用数位板配合Photoshop（简称PS）的笔刷工具。采用手绘方法的优点在于：快速简洁、节省时间，便于及时把握设计师脑中稍纵即逝的灵感，以绘图的方式记录下来，这在小组"头脑风暴"创意集中涌现的时候极有效率，建议边进行讨论边勾草图，配以文字说明，图文并茂，推进方案生成过程。

(3) 后期

后期应用相关二维和三维绘图软件，详细深化绘制方案图纸，力求在有限的版面内，全方位地充分表达参赛者的设计思想、设计方法等。这一阶段中涉及的绘图软件有如下几类：

①二维绘图软件　AutoCAD、天正建筑、Autodesk Revit、Civil 3D等。

②三维绘图软件　SketchUp、3ds MAX、Rhino等，有条件的还可以使用Rhino与Grasshopper组合进行参数化设计。

③渲染软件　V-ray（for 3ds MAX & for SketchUp）、Lightscape（较为陈旧的渲染工具，现在已经很少有人使用）、Lumion（配合SketchUp使用效果最佳）、VUE（专门的三维自然景观设计软件，强调后期处理）等。

④排版与后期软件　PS、Indesign（专业的图文混排软件，进行多页格式化排版时要比PS效率高很多）、Illustator（有人习惯使用Corel Draw，但效果基本相同）等。

2.3.5 方法与技术要求

2.3.5.1 关于小组讨论阶段的头脑风暴法

头脑风暴法出自"头脑风暴"一词。所谓头脑风暴（Brain-storming）最早是精神病理学上的用语，指精神病患者的精神错乱状态，现在转而为无限制的自由联想和讨论，其目的在于产生新观念或激发创新设想。头脑风暴法又称智力激励法、BS法、自由思考法，是由美国创造学家A·F·奥斯本于1939年首次提出、1953年正式发表的一种激发性思维的方法。此法经各国创造学研究者的实践和发展，已经形成了一个发明技法群，如奥斯本智力激励法、默写式智力激励法、卡片式智力激励法等。

当一群人围绕一个特定的兴趣领域产生新观点的时候，这种情境就叫作头脑风暴。由于会议使用了没有拘束的规则，人们就能够更自由地思考，进入思想的新区域，从而产生很多的新观点和问题解决方法。当参加者有了新观点和想法时，他们就大声说出来，然后在他人提出的观点之上建立新观点。所有的观点被记录下来，但不进行批评。只有头脑风暴会议结束的时候，才对这些观点和想法进行评估。头脑风暴的特点是让参会者敞开思想，使各种设想在相互碰撞中激起脑海的创造性风暴，可分为直接头脑风暴法和质疑头脑风暴法：前者是在专家群体决策基础上尽可能激发创造性，产生尽可能多的设想的方法；后者则是对前者提出的设想、方案逐一质疑，发现其现实可行性的方法。这是一种集体开发创造性思维的方法，对于参加风景园林设计竞赛的学生而言，头脑风暴会议的模式可以是上述两者的结合。

头脑风暴力图通过一定的讨论程序与规则来保证创造性讨论的有效性，由此，讨论程序成为头脑风暴法能否有效实施的关键因素，从程序来说，组织头脑风暴法关键在于以下几个环节：

(1)确定议题

一个好的头脑风暴法往往从对问题的准确阐明开始。因此，必须在会前确定一个目标，使与会者明确通过这次会议需要解决什么问题，同时不要限制可能的解决方案的范围。一般而言，比较具体的议题能使与会者较快产生设想，主持人也较容易掌握；比较抽象和宏观的议题引发设想的时间较长，但设想的创造性也可能较强。可以在会前就已经有了选题的大致思路，放到会议现场提请大家讨论；也可以直接在会议现场根据前期资料确定选题方向和思路。

(2)会前准备

为了使头脑风暴畅谈会的效率较高、效果较好，必须确保在会前已做好前期资料的搜集和整理工作，以便与会人员能够迅速进入状态。就参与者而言，在开会之前，对于待解决的问题或前期资料一定要有所了解把握，不要在会议现场浪费时间解读资料。会场可作适当布置，座位排成圆环形的环境往往比教室式的环境效果更佳。

(3)确定人选

与会者人数太少不利于交流信息，激发思维。而人数太多则不容易掌握，并且每个人发言的机会相对减少，也会影响会场气氛。一般竞赛参赛人数在3～5人，但讨论时可不受此限制，可邀请与本次竞赛无关的同学加入，共同参与讨论，总人数控制在8～12人为宜。

(4)明确分工

一般要设一位主持人，其职责是组织大家发言，引导思路激发创意；另设一位记录员，将大家讨论的内容以文字的方式记录下来（也可使用录音笔）。主持人和记录员在会议进程中也要积极发表自己的看法，切勿做冷眼旁观者。各人在讨论过程中所勾绘的草图等最后统一交予记录员整理归档，配以文字说明，指导后面阶段的工作。

(5)掌握时间

会议时间由主持人掌握，不宜在会前定死。一般来说，以几十分钟为宜。时间太短与会者难以畅所欲言，太长则容易产生疲劳感，影响会议效果。经验表明，创造性较强的设想一般要在会议开始10～15min后逐渐产生。美国创造学家帕内斯指出，会议时间最好安排在30～45min。倘若需要更长时间，就应把议题分解成几个小问题分别进行专题讨论。

2.3.5.2 作品应达到的效果

提交的参赛作品应做到图示语言表示简洁清晰，逻辑连贯，图文并茂，图面高度整合且所有图纸风格较为统一（如色调、画风、形式感等），整体上较为清爽或具有较强视觉冲击力，具有较好的视觉观感，图面涉及设计本身的相关平面图、分析图、轴测图、立面图、剖面图、效果图、鸟瞰图等能够在绘图准确、严格遵循制图规范的基础上相互结合、相互呼应，全面表达参赛者的作品构思。

其中重点说明分析图应达到的效果：分析图应包含现状分析、设计分析两部分。现状分析要求能够用图示语言形象地反映出场地中存在的问题，并进行一定提炼、分析和说明，让人一眼看去即一目了然——场地现存的问题有哪些方面、存在着哪些可调和和不可调和的矛盾、风景园林师面临的机遇和挑战有哪些（可用SWOT方式进行分解讨论），这些都应当与后面的设计本身内容严格一一对应。而设计分析要求能够用图解的方式明确表达设计者的核心设计理念、设计原理、设计思想等，常常结合方案的平面图进行展开，分层、分块叙述。整体上来说，分析图的绘制应当力求前后呼应，逻辑思维严密，分析结构清晰，以体现参赛者的设计是建立在严谨的科学分析和研究的基础上的，是可信、可靠和可实施的。

2.3.6 绘图要领及注意点

2.3.6.1 平面图

平面图应符合基本的制图规范，参加国际竞

赛的参赛学生还应注意：平面图的绘制方式最好符合英式标准（包括度量单位为英里①、英尺②、英寸③，英式尺寸标注方法，英式制图规范等），这样评委评判作品也会更加直接和便利。指北针和比例尺必须齐全，比例尺最好采用图形比例尺，这样方便图纸任意比例缩放。如有必要，建议加上图解标注（直接在原图上进行文字标注，或者在原图上标注数字1、2、3、4……之后在专门区域逐条文字标明）。

平面图整体上色调应保持清爽、整洁，并与整体排版风格一致（除非有特别的风格选择）；突出设计本身的形式语言，而不能用强烈的色调对比或材质效果吸引评委眼球，喧宾夺主；平面图的主要部分不能被说明文字、分析图、效果图或者其他装饰要素覆盖；如果有剖面图，应在平面图中表明剖切位置和观察方向；平面图中尽量不出现过多说明符号或文字，可以另用图纸的缩小版加文字、符号注释说明。

2.3.6.2 立面图和剖面图

立面图和剖面图同样应严格依照制图规范绘制，在此基础上可以有风格上的灵活变化，例如，植物素材的选取、材质的搭配、色调的搭配与协调等；建议在标注尺寸的同时，把人物素材按比例放置于图中，这样尺度感就可以一目了然。立面图和剖面图所表达的设计在三维空间竖向上的相互关系，是在平面图中反映不了的，所以其图纸绘制也需要格外重视，其地位甚至和平面图同等重要、不可缺少。注意剖面图、断面图和立面图这三者的区别，在绘制时要特别加以区分。

2.3.6.3 效果图和鸟瞰图

效果图由于其特殊的意义，可以意象化一些（尤其对于可实施性没那么强，偏重于设计概念表达和理论化规划理念的参赛作品），不必严格遵循制图规范和透视法则，包括人物、植物和动物素材的选择，材质的搭配，场景的视角，甚至色调的搭配上都可以相对随意一些，其目的在于最大限度地表达出参赛设计师心中理想的设计效果。为了达到此目的，可以比实际可能的建成效果略微夸张、超前，可以融入参赛小组成员的个人风格——譬如画风偏写实或者偏抽象。但是风格上的灵活写意并不代表可以脱离设计本身天马行空、任意发挥，仍然要尊重设计本身（可能）的建成效果，以实在、客观、准确为前提。效果图中人物和场景之间的关系、场景中各园林要素之间的关系、效果图所表现的场所的空间感要清晰明确、一目了然，切忌为了追求某种"艺术风格"而任意拼贴堆砌。

除非组委会特别要求，鸟瞰图并不是必须要绘制的部分，但一般来说，绘制一张尺寸较大的鸟瞰图会给人留下该设计和该场地的一个总体印象。如果鸟瞰图绘制精彩、观感较好，会给评委留下深刻的印象，为参赛作品本身加分。鸟瞰图的绘制是值得重视和研究的方面，由于其尺寸较大（一般要占据A0版面的1/4～1/3的空间），其色彩、风格的选择和细节的描绘就需要特别注意。

一般来说，特定俯瞰高度和视角的鸟瞰图能够达到最强的视觉冲击力和震撼力，建议前期在三维建模软件中建立整个场地的草模，然后通过拖移模型或调整相机位置焦距找到合适的鸟瞰高度和视角，进行渲染出图后，在Photoshop软件中进行后期处理。鸟瞰图需安排专人进行绘制，具体建模到何种程度即可渲染出图进入后期，依三维绘图软件不同和个人绘图习惯而异。

需要特别注意的是：鸟瞰图绘制的通病往往是远近景物的层次感不容易拉开，尤其是面积较大、尺度较宽广的设计场地更为明显。这一点可以先通过建模来区分——视线近处的区域建模细致、细节上精致一些，远处的景物只要简单添加一些乔木、灌木即可，视线范围外被植物遮挡的园路、建筑、小品等建模时就可以不用考虑；之后在后期中可以进一步拉大远近景物的空间距离

---

① 1英里＝1.609km。
② 1英尺＝0.3048m。
③ 1英寸＝2.54cm。

感——采用雾效、蒙版减淡工具、调整透明度等是最常用的方法。

2.3.6.4　分析图

前面一节已经说到了分析图的绘制要点，这里强调其绘制形式：最基本的分析图可以采用饼状图、泡泡图、分层分析图等形式，也可采用流程图的形式绘制，但是还有很多其他新颖的分析图绘制方法，采用了更加活泼的方式分析说明一个问题，而且和传统分析图形式一样简洁直观、一目了然。一些先锋设计网站上有可供借鉴的案例，一些知名设计师事务所的方案分析思路和图解也值得借鉴，在绘制自己的参赛作品时，要注意搜集这方面的素材，加以融会贯通，如能恰当使用这些形式，会让评委眼前一亮，进而为自己的参赛作品获得加分。

2.3.6.5　排版

图片和文字在排版中占比最好在 6:4 以上，文字越少越好，以图片说明为主，辅以少量文字画龙点睛，点明图片未及之处或解释图片内容。排版中文字的作用应定位为辅助说明、注释图片为主要功用，力求做到言简意赅，切忌长篇大论，堆叠辞藻。文字的字号要注意：不可过大，否则会显得突兀、不和谐；亦不可过小，会让评委难以看清楚。一般来说 A0 排版的文字在 PS 软件中字号定为 8～10 点为宜，如果需要排入出版物中，则字号还要在此基础上适当缩小。

关于作品中采用的字体：中文建议采用微软雅黑，英文采用 Calibri，也可以根据设计内容和版面风格自行决定采用何种字体，但原则是必须使评委和观众能够清晰地辨认阅读，不能以牺牲可读性为代价，追求艺术化的怪异字体；字体颜色不一定全部用黑色，根据版式需要决定，但整个参赛版面中字体样式和颜色不能超过 3 种，太多就会显得杂乱。

以 2 张 A0 排版为例，在第一张版面中，平面图和鸟瞰图应占据主要位置，平面图一般在上，鸟瞰图在下，各自占据 1/4～1/3 的版面面积，标题不能放在中间，宜偏于一侧，标题应和前期分析、现状考察的文字与图示内容紧密相连，分析图呈阵列式排布，彼此之间有统一的版式和布局，看上去整齐划一、一目了然。

而第二张版面中要用图解形式分析设计本身的形式语言，同样需要一系列分析图，同时绘制一系列剖面图、断面图和轴测图（可以是局部剖切也可以是场地整体的横断/立面，如果是后者，最好占据整个版面的横宽而且尽量绘制 2 张以上不同位置的图），在版面的下方通常是一系列效果图和鸟瞰图，而设计前景和展望同样要放在大标题的下方。

图纸排布切忌过满过密，适当调整间距，另外图纸边缘不宜全部是矩形框，这样排版出来的效果会很呆板，建议分析图和部分效果图隐去边框，在不损失、不遮挡关键信息的前提下和其他图纸巧妙融合，或者利用图纸中内容的构图关系将图纸相互结合，保证可读性和良好观感的同时，排版也更加灵活多样。

专业排版能够给人以统一整洁感的技巧在于：至少保证整版图纸有一条公共边是完全对齐的。一般来说展板不留边框，所有图纸都是压边框排版（尤其是参加国际设计竞赛的作品），但也有少数情况例外，应具体情况具体分析。在交付印刷时，要注意留足空间，同时调整色空间为 CMYK，对色彩进行最后的调整，以防偏色的出现。

第3章
设计竞赛获奖作品分析

自20世纪80年代后期开始，随着改革开放的深入，我国风景园林界与国外同行的交流也逐渐频繁。北京林业大学的风景园林规划与设计专业的研究生们在以孟兆祯教授为首的团队的带领下开始冲击国际大学生设计竞赛，取得了优异的成绩，做出了开创性的历史性贡献。其中具有标杆作用的作品是1990年获得国际风景园林师联合会（IFLA）国际大学生风景园林设计竞赛第一名暨联合国教科文组织（UNESCO）奖的《蓬莱镇滨海景观规划与设计》（研究生：刘晓明；指导教师：孟兆祯）；1991年获得国际风景园林师联合会（IFLA）国际大学生风景园林设计竞赛第一名暨联合国教科文组织（UNESCO）奖的《水碓子岛公园和附近水岸设计》（研究生：周曦；指导教师：孟兆祯）；1995年获得IFLA东区大学生风景园林设计竞赛一等奖的作品《生命之旅——十渡风景区规划与设计》（作者：朱育帆；指导教师：孟兆祯）；1996年获得国际建筑师协会（UIA）大奖的《居庸关村镇改造设计》（研究生：李永红；指导教师：白日新，刘晓明），是至今为止唯一由我国风景园林规划与设计专业的研究生获得的国际建筑师协会大学生设计竞赛大奖。此后，随着我国风景园林事业的发展，越来越多的教师指导学生在国际大赛中获取佳绩，为我国风景园林的教育做出了重要的贡献。

从以往的获奖作品来看，它们共同的特点在于围绕主题、勇于创新，并突出地方特色。

3.1 获奖作品特色

3.1.1 主题鲜明

纵观多年来的国际、国内竞赛，能够获得好成绩，甚至争金夺银的参赛作品，无一例外做到了主题简洁、鲜明、突出。这一主题并非是作者天马行空的构想，而是一定与当年竞赛（年会）设定的主题（范围）紧密相关联。而且优秀参赛作品的主题，往往并不是对于竞赛设定题目在某片场地上的简单重复和套用，而是结合设计场地自身条件和环境，积极思考主题（范围）和环境的契合点，故而可以说从前期场地选择开始，就已经和竞赛主题环环相扣。在设计的过程中，时刻反映竞赛主题的内涵与要求，甚至站在一个新的高度上，从一个全新的角度和支点上去反思现状、开展设计、回应主题，进而达到参赛主题在场地设计上的升华。如能做到这一点，作品的质量和内涵自然就比一般作品上了一个台阶，自然为获得好的成绩奠定了基础。譬如1995年第32届IFLA东区大学生风景园林设计竞赛一等奖作品，即通过十渡风景区的旅游规划，创造性地提出了人生的"十个渡口"，将佛教思想融入旅游开发中，从而实现了对当年主题"旅游影响——景观改变"的升华，令人眼前一亮，能够拔得头筹也属预料之中。1996年，国际建筑师协会响应联合国教科文组织举办的第二次人类居住会议（Habitat Ⅱ）的活动而举办了相应的会议和学生竞赛，李永红的作品场地选择北京的居庸关镇的改造就显得十分恰当。

3.1.2 构思巧妙

在历年斩获好成绩的风景园林设计竞赛参赛作品中，多数都有着让人眼前一亮的构思，这构思并不在于排版的新颖或图纸视觉冲击力强的这种表面功夫，而在于对主题的深入理解、对设计场地的充分调研与考察的基础上，提出的具有突破性、创新性的设计思路和点子。值得注意的是，这并不是要求参赛者"剑走偏锋"、刻意求新求怪，也并不是要求参赛者提出一个惊世骇俗的想法，或者是一个宏大深刻的结构以求"一鸣惊人"，不论是在研究工作中还是在参赛时，这样的做法都避免不了挂一漏万，其结果往往是参赛者难以驾驭这样的主题而草草收场，或是一个陈旧的设计套路包装上一个所谓"新奇险怪"的噱头，而导致"挂羊头卖狗肉"，使得实际的设计与要达到的初衷南辕北辙，并导致最终的失败。

事实上，只要参赛者能够在实事求是、踏实调研、认真研究设计的基础上，提出最适宜场地的合理设计方案，参赛作品往往就能达到一个较高的水平。如果能在此基础上有所创新，提出具有创见性的概念或思路，参赛作品就能脱颖而出，取得较好的成绩。构思上的创新包含两个方面：其一是方法创新，即在设计的方式方法、实现途径、材料工艺等细节上的创新；其二是原理创新，即在设计的概念、思路和整体结构上的根本创新。一般来说，能够在做好设计方案本身的基础上做到方法创新，就是了不起的成果，这一点相对来说较为容易达到；而原理创新对于参赛者要求甚高，往往不容易达到，也很容易陷入误区，故而一般情况下，提倡参赛者脚踏实地，在做好规划设计本身的前提下，以方法创新作为追求的目标。当然，如果涉足的是研究尚处于空白而参赛者花费时间精力较多的领域，有前期的大量研究实践工作作为条件和保证，尝试原理创新也未尝不可。

譬如第42届IFLA大学生风景园林设计竞赛一等奖作品《安全盒子——北京传统社区的儿童安全成长模式》（2005年），就是通过8个盒子的设计，为儿童提供一个安全成长的环境模式。同时在满足现代生活方式需求的前提下，使传统社区的文化和生活方式得以延续，通过一系列"安全盒子"的作用，以儿童为纽带，恢复和谐的社区邻里关系，给杂乱的社区注入新的秩序，使社区更加安全与和谐。实际上，这个"安全盒子"就是通常园林景观设计中所说的"安全岛"的概念，但由于设计者针对特定场地——北京菊儿胡同地区做了针对性的设计，同时又有之前清华大学建筑学院吴良镛教授领衔的团队所做的大量基础性研究工作和创造性设计实践做基础，使得该作品在具有较强实用性和功能性的同时，呈现出与众不同的新颖构思。

3.1.3 过程清晰

从近几年的国内外风景园林设计竞赛情况看，排在前几名的参赛作品，均做到了逻辑严谨、条理清晰，对于调研方向思路的选择、设计素材的筛选、前人案例的分析、设计说明的先后顺序等方面均用词严谨、结构清楚，可以看出是经过认真的思考、细致的研究和谨慎的思辨的。优秀的参赛作品，均十分注重对于设计场地现状的分析。这一现状分析不仅仅包括对于场地所处地域的气候水文条件、动物植被状况、人文历史脉络、宗教地理风俗等的调查了解，还特别注重该设计场地地域文化如何与生态资源相结合——对于其生态资源现状和历史文化资源进行分析调研，并在实际设计项目中充分地加以利用和改善，实现以保护为主要目的的全面改造升级，以实现设计作品逻辑上的完整性和实施上的科学性。在经过周全的现状分析之后，设计构思如何生成、设计路线如何提出和逐渐完善、设计形式如何形成和完善也是最终成果中需要着重说明的部分，这一逻辑环节不可或缺，只有将从前期分析到方案生成的前后逻辑关联详细清晰地阐明，才能使得设计方案的构架经得起推敲，具有较高的信服力。

第46届IFLA大学生风景园林设计竞赛一等

奖作品《绿色的避风港——作为绿色基础设施的防风避风廊道》（2009年）针对喀什严重的风害问题，借老城改造的契机，以科学的防风抗风手法对老城进行环境规划与设计，在老城中插入防风避风绿色基础设施来改善老城的风环境问题，以提高当地人民的生存生活质量。此基础设施由防风植物及避风构筑物共同构成，以低调的方式介入老城的街道体系之中，旨在创造老城友好的室外环境的同时，鼓励城中居民的交流、运动、巴扎贸易等室外活动，恢复该地区特有的非物质文化遗产，并以此带动区域内商业及旅游业的发展，以经济的繁荣维持老城的活力。设计者希望方案中能创造出一系列"避风港"空间，它可以作为老城可持续发展的激活器以及积极适应气候变化的案例，而这也最终反映在了他们的设计成果之中。

3.1.4 结论合理

历年风景园林设计竞赛中，能够获奖的优秀作品无一不是在规划设计的方案中较为完善地解决了前期分析时提出的场地矛盾和问题，回应了竞赛主题的同时，将风景园林的艺术和美与欲实现的社会功能和环境功能融合、统一起来，做到形式感强、赏心悦目的同时，体现了较强的功能性和实用性，而并非华而不实的"花架子"，更不是凭借求新求异的排版、字体或花哨的效果图、分析图等"投机取巧""外强中干"的作品。也就是说，优秀的参赛设计作品都做到了设计结果的合理。参赛学生不仅应当注重前期分析的缜密性、方案生成过程的逻辑性和设计本身的突破与创新性，最终设计能否达到预期结果也是衡量设计作品成败的关键因素，甚至是决定性因素之一，必须同样加以足够的重视。

譬如第39届IFLA大学生风景园林设计竞赛一等奖作品《寻找远去的西湖》（2002年），致力于对被破坏的湖盆生态系统进行生态恢复，设计者对自然环境和文化环境进行了综合全面的研究，并采用了创造性的设计方法，对水的净化和利用进行了生态的设计，成功地展示了不同的生态处理手法，并使之成为设计有机整体的一部分。该作品最终得以多方位、有趣、全面地展示了设计者的设计思想。无独有偶，第42届IFLA大学生风景园林设计竞赛二等奖作品《栖木——本地居民与流动人口共享的安全社区》（2005年），通过设计者的理念和设计手法，对六郎庄的发展提供了可参考的模式和理想。设计者将这种模式称为"栖木"，期望这种分级繁衍的网络结构能够为人们带来安全感和归属感，以及一种安全、和谐、人性化的方式平稳过渡。

3.2　IFLA及IFLA亚太区国际大学生风景园林设计竞赛获奖作品选析

3.2.1　第27届IFLA大学生风景园林设计竞赛第一名及联合国教科文组织奖获奖作品分析

《蓬莱镇海滨景观规划与设计》（1990年）
学校：北京林业大学风景园林系
作者：刘晓明
指导教师：孟兆祯

1990年为配合在挪威举办的IFLA第27届世界大会，国际大学生风景园林设计竞赛的主题是："滨水景观"（Where the Landscape Meets the Water），其目的在于鼓励参赛者认识到海滨景观的特殊性并协调好各类用地之间的关系。显然，这个题目的内涵应该包括自然的（natural）和人为的（artificial）两方面的内容，要着重解决当代社会物质环境（physical environment）中的一些现实问题。基于以上的分析，参赛者在导师的指导之下，决定选择富有历史传奇色彩的蓬莱作为解题的突破口。

蓬莱镇位于山东半岛的北部，濒临渤海与黄海的交界处，其著名的文化价值在于它的两个海滨历史古城——蓬莱阁和水城，千百年来这里流传着许多动人的传说。蓬莱阁始建于1056年，它既是用来欣赏奇妙的海市蜃楼，更是表达了人们追求理想、向往人间仙境的愿望。水城则是中国历史上著名的海军基地之一，其巧妙的结构曾在抵御外来侵略的斗争中发挥过重要的作用。经过数十年的建设，蓬莱镇已经发展成为一个以工业和旅游业为主的小镇。但是，由于过去对该镇的历史价值和区域特征的认识不同，加上一些城市发展导向的问题，从而致使其海滨景观无论从功能上、视觉上还是社会意义上看都未达到完美的境界，不尽合理的土地利用造成了土地资源的不合理消耗和环境污染，当然也给当地居民及游客带来了诸多的不便。

根据蓬莱镇新的发展战略，通过对其长约4km的海岸带土地利用状况的评估，设计者提出设计方案的中心思想是在尊重当地历史传统的条件下，合理地重新组织海滨用地，使之成为一个多功能的、活泼的有机体，既要继承和发展民族文化传统，又要满足现代生活内容的要求，为人们提供一个卫生、优美的生活和游览环境。具体目标有两个：①保护好两个海滨历史古迹，让人们在体验历史的同时也能感受到被注入的新的经济活力；②在尊重传统的基础上发展海滨景观，构想出6个应景而生的场所，即时间场、乡村旅馆、水城步行街、娱乐带、自由市场和水上俱乐部，以高质量的开放空间串接，从而形成一个具有文化内涵、生态效益和经济效益的动态景观网络，为这个古老而又年轻的小镇带来温故知新的活力（图3-1）。

对于这个作品，竞赛评委会的评语是：这是一件极为有趣的作品。其着眼点从尊重文化传统出发，既考虑了自然生态环境的要求，又结合了使用功能上的要求。该作品表明其作者善于运用景观要素和有趣而现实的方法，使得城市环境里的自然资源同历史、社会背景及海滨特色融为一体。

图3-1 蓬莱镇海滨景观规划与设计
（引自：《蓬莱镇海滨景观规划与设计》，1992）

3.2.2 第28届 IFLA大学生风景园林设计竞赛第一名及联合国教科文组织奖获奖作品分析

《水碓子岛公园和附近水岸设计》(1991年)
学校：北京林业大学风景园林系
作者：周曦
指导教师：孟兆祯

北京水碓子地区饱经历史的沧桑，它经历过曾经的繁荣昌盛，历经了历代战火的考验，如今现在呈现在大家眼前的是"贫民窟"的面貌。据闻北京市政府要出资改造这一地区，作者以这一选题为契机，迫切地拿出了自己的方案，欲将自己的设计落实以服务于当地的居民。

第一个节点是入口广场，那些构成地面铺装的是古牌坊的倒影，结合一组螺旋形的铺装，象征着事物的发展总是有一定的规律的，它螺旋状向前发展，曲折总是如影随形。

另一处景点将建在河岸的中部，一座长长的桥似乎通到一座岛上，可是好不容易来到桥的末端才发现离岛却还有一段距离。远望小岛繁花似锦，岛上还藏有介绍当地历史的文物，一些就地挖掘出的文物在岛上的小型博物馆中展出——这些都在桥的入口处有所介绍。此刻，站在桥头极目远眺、思绪飞扬，使小岛成为人们心目中的"仙山"（图3-2）。

图3-2　水碓子岛公园和附近水岸设计

3.2.3　IFLA东区大学生风景园林设计竞赛一等奖作品分析

《生命之旅——十渡风景区规划与设计》（1995年）
学校：北京林业大学风景园林系
作者：朱育帆
指导教师：孟兆祯

第32届IFLA世界大会举办地设在泰国的国际旅游都市曼谷。鉴于日益兴旺的旅游业对自然环境造成的不利影响，年会将"旅游发展与景观变化"作为学术探讨的主题，并将竞赛题目定为"旅游影响——景观改变"。此次竞赛的目的在于："致力探讨旅游对于各种规模、地域景观的影响。由于旅游工业已在我们的生存环境和文化整体中不断地渗透拓展，在当前情况下，当发展不能就现存条件做出相应的反应、调整，或者规划不足以解决消除这些不良后果时，社会就要受到负面影响。关键因素在于改变，尤其是景观意义上的改变，包括所必需的变更速率、强度、负荷容量等。创造性的设计及规划思想应基于对问题的解决，预防和加强适应这些因素。关键是认识到要在景观环境中寻求完美的整体和协调发展的旅游。"

设计者在导师的指导下决定将竞赛选址定于北京十渡风景区，并营构出"十渡人化"的立意框架，即将拒马河上的10个渡口与人生的渡口结合起来。这是一个极具吸引力的立意核心，具备了竞赛构思所必需的思维的独创性与跳跃性，从而奠定了方案坚强的基石。它蕴涵着中国园林传统理法"景以境出"的深刻含意，是借景要法在设计中的变通。但仅此并不能构筑立意脊线的全部，因为竞赛需要扣题，需要设计者提出对主题的理解（论点），而方案本身则是这一论点的论据。故而探求十渡风景区受旅游影响而人化（变化）的理论依据则成为一个必须解决的问题。

十渡因由张坊镇到十渡镇需10次穿越拒马河而得名。古时拒马河河水涨落不定不宜架桥，渡河是由系两岸的绳索及数叶扁舟完成的。古十渡人为了谋生，必须如此艰辛地渡过这10个渡口，这造就了古十渡的一种文化景观，也造就了古十渡的内涵，即经历一系列曲折艰险后才会有所收获，这正是"生命之旅"的内涵——内涵的一致性就是"十渡人化"的理论依据。

如今现代文明已将这10个渡口改造成10座钢混公路桥，车辆往来其间，人们流连于"小桂林"的山光水色之中，已很少再去经意古十渡的境况，古十渡的内涵渐被淡忘了。旅游业的发展给十渡镇经济带来了勃勃生机，也为十渡旅游景观改变提供了某种契机。"十渡人化"的构思恰为这个变化探索了一种方向，一种旨在唤回古十渡内涵的方向，一种强化十渡景观个性的方向，这正是旅游景观资源所必需的。

作为沟通张坊至十渡的唯一干道，十张公路集交通、运输、游览于一体。随着十渡旅游业的发展，景观游览线与沟通运输线之间的矛盾势必将导致一系列的负面影响。再者从表现"人生十渡"的角度，虽然渡河的形式有多种，但从交通意义上宜选择以桥渡的方式，而交通运输桥与景观游览桥在现有场地条件亦无法有机结合。因此，笔者规划了一条亦十次穿越拒马河的"生命之旅"游线，以河上10座桥表现"人生十渡"的立意。这条游览线与十张公路相分离，交叉处作立体交通，每座"人生之旅"桥置于每两座十渡桥之间以尽可能避免交通干线所带来的干扰。

生命中10个渡口是以时间（入世→轮回）为主线，以色彩线（鲜明→灰→鲜明）、怀旧线（对童年及孩子童年的追忆由弱至强）、经验线（单纯→迷惑→复杂→复杂单纯）、传统线（背叛→回归）为辅线，以几何形体隐喻的方式表达的：

①初渡（一渡/入世）——纯洁/无邪/入世的痛苦；
②童渡（二渡/童年）——单纯/天真/游戏性；
③险渡（三渡/青春期）——迷惑/逆反/嫉俗/诱惑/陷阱；
④鹊渡（四渡/婚姻）——纯洁/神圣；
⑤课子渡（五渡/生育）——母亲的痛苦与父亲的焦虑；
⑥明渡（六渡/不惑）——明世/理解/身体

图3-3 生命之旅——十渡风景区规划与设计

素质渐下／经验与责任心渐上；

⑦蹄志渡（七渡／立业）——无数障碍、陷井、假象；

⑧更渡（八渡／更年期）——精神与身体之不稳定性；

⑨安渡（九渡／晚年）——安定／沉稳／回首人生／对自身童年及孩子童年的强烈追忆／返璞归真；

⑩水轮转藏（十渡／轮回）——纯／静／无邪（图3-3）。

3.2.4 国际建筑师协会大学生设计竞赛大奖作品分析

《居庸关村镇改造设计》（1996年）
学校：北京林业大学风景园林系
作者：李永红
指导教师：白日新、刘晓明

国际建筑师协会（UIA）为了配合联合国教科文组织举办的第二次人类居住会议（Habitat Ⅱ）在土耳其伊斯坦布尔召开（1996年6月3~14日），向世界各地的建筑师及建筑专业的大学生发起了题为"欢乐交往空间——对现有空间的改善"（Convivial Spaces）的建筑设计竞赛。要求参赛者对城镇现有空间的改造提出自己的见解，竞赛的目的是想通过建筑设计或城镇规划来强调欢乐交往所表达的真正含意，并通过千变万化的思路的提出来体现建筑师在城市发展中的作用。建筑师组的大奖由希腊和墨西哥的两个设计小组共同获得。学生组的大奖（Grand Prize）由南非和中国的大学生获得。

隔阂、猜疑、敌视是人类社会痼疾之一，这次设计竞赛的组织者站在现代文明的高度，清醒而又敏锐地提出这一课题，以寻求创造一种空间环境来让人们有机会自由舒畅地交流，同时该竞赛组织者还对欢乐交往空间做了定义。欢乐交往空间应该是能够为社会中人与人的沟通和建立有益的人际关系提供可能的那种空间，它既可以是公共聚会、娱乐的场所，也可以是家庭日常生活的空间。其形式可以是城镇广场、道路交汇处或是室内空间，而其作用则应体现实用功能、社会效益以及视觉的愉悦等。

图3-4 居庸关村镇改造设计

本设计的思路就是提供一种开放的、具有多种活动内容的空间来激发人们的友善、愉悦的心态，在接触、沟通中来表达交往中的欢乐，在欢乐中来交往。

长城现在是伟大中国的象征；在过去，长城是一种防御设施而不是进攻的堡垒，其宗旨是保卫和平。而长城的关隘却是阻断中的沟通，是为了和平交流而设置的，居庸关则正是有代表性的一个结合点。所以选取这样的地点作为此次"欢乐交往空间"竞赛的落笔点是意味深远的。事实上，这个昔日的人为战备工事，其军事上的意义如今已经荡然无存，更多的是文化和经济意味。她已成为一个自然村落、一个旅游热点、一个增加人民交往机会的工具。长城功能的转换，代表着不同时代，不同人群对于国际关系、人际关系的不同思考和不同回答。

在这个封闭空间里有两条南北向一级公路越境而过。这两条分列于基地东西两侧的公路在这里的出现极富象征意味。长城是人为地划分并隔绝了内外人群，而公路这样的交通设施则为人们之间的交往提供便利，它打破了原有的封闭，使它变得不再完全，或者说是使它变得更为完全。因为这带来了原来不曾有的外部事物和外部秩序。

秩序是沉浸于生活内容、生活方式之下的内在机制，人为载体，我们可以以两种秩序的相互接纳来描述两类人群的交往。相互接纳要求两者在具备自由核的同时，也必须兼有开放包容的性格。它们将相互渗透，最终走到一处，这是交往的理想状态。在交往中总是有抵触发生，那么把握住内部秩序就是关键，这是因为内部秩序才是根本，外来秩序只有通过前者才能发生作用。终究居民才是当地的主人，而游人只是过客，就历史与现实而言，也有这样的关系体现。现世作为历史延续下来的现世，与过去交织在一处。有所区别的是眼前的人只是在现实中生活，而不是历史中。我们应该站在一个新的、超越双方的高度来考察过去和现在所发生的事件（图3-4）。

3.2.5　第39届IFLA大学生风景园林设计竞赛一等奖作品分析

《寻找远去的西湖》（2002年）
学校：北京林业大学园林学院
作者：韩炳越、李正平、张璐、刘彦琢
指导教师：王向荣、林箐

第39届IFLA世界大会在拉脱维亚（Latvia）的里加（Riga）召开，大会主题是"风景园林设计中废水的综合利用"（Integration of Harvested Water in Landscape Design）。此次竞赛的题目是"景观设计中废水的综合利用"，竞赛通知中要求："设计的选址可以是一处城市公园或者特殊地点的开放空间，利用废水以及（或者）地表径流水进行景观设计，设计应在生态功能和社会功能上有所反映。"

该作品以"废水的综合利用"为核心，以"水清、禅冥、茶香"为宗旨，以杭州西湖流域具有代表性的龙泓涧作为设计的选址，对其自然和文化的环境进行了全面综合的研究，对水的净化和利用进行了生态的设计，成功地展示了不同的生态处理手法，采用生态工程技术和景观设计相结合的方式，运用了GIS分析在内的现代设计手段，以艺术手法进行规划设计，设计中将景观、生态、文化、艺术相结合，使之成为风景园林设计的有机组成部分。

经过分析比较，在流入西湖的4条主要溪流中，龙泓涧的年径流量最大、污染较为严重、溪流周边的环境最为复杂，同时其所流经的区域具有较好的景观价值，这些都为创作提供了施展的余地。因此，选取了龙泓涧进行规划设计，同时希望本次设计研究也能为西湖西进区域内溪流的治理提供参考。

现在人们所看到的杭州西湖是经历了湖盆—海湾—泻湖—淤积—疏浚及人为治理等几个阶段而形成的。唐代的西湖，西部、南部都深至山麓，湖体面积为10.8km^2，比现在的5.66km^{2}大近一倍。

经过调查分析，设计者首先针对龙泓涧所存在的污水、废水等核心问题进行了研究，在生态措施方面相应地做出了比较具体的技术解决方案，同时研究了整个西湖流域地区的人文和历史。决定从生态技术以及传承当地传统文化精神两条线路入手，结合艺术审美，因地制宜地赋予溪涧上、中、下游各段以不同的景观形式，希望通过景观形式的创作能反映出对西湖水域的污染以及文化等多方面的关注，最后将得到的是多功能与艺术完美结合的景观形式。

采用格栅、沉淀池、曝气耗氧、人工湿地生物塘等方式来净化水质，这4个具体措施反复交叉，但又各自为主地分别运用于溪涧各段，以解决各段不同的污水、废水问题，并将这些具体措施结合具体流域段的地貌以及该地段的传统文化精神，创作出具体的景观形式。

伴随着西湖的成长而产生的西湖流域文化可谓源远流长，其上游龙泓涧流经地域中也保留着众多的西湖风情。参赛者在设计中将西湖的历史、文化贯穿融入到整个龙泓涧流域的景观规划与设计中，以期做到景观、生态、文化的有机结合。

水清、禅冥、茶香，这些因素通过设计以新的方式和面貌得以再现，设计力求通过以上的努力激励人们采取措施保护我们的自然，同时也启发人们追寻和谐的最佳境界，深入思考我们所正在失去的一切。

竞赛评委会的评语为：该参赛作品是致力于对被破坏的湖盆生态系统进行生态恢复，设计者对自然环境和文化环境进行了综合全面的研究，并采用了创造性的设计方法，设计者对水的净化和利用进行了生态的设计，成功地展示了不同的生态处理手法，并使之成为设计有机整体的一部分。该作品多方位、非常有趣、非常好地展示了自己的设计思想。该设计小组在设计上表现出了很强的责任感，满足了我们对竞赛主题的预期设想。该参赛作品是一个有机的设计，多种有关水净化和利用的生态方法融入设计之中，并成为设计有机整体的一个组成部分（图3-5）。

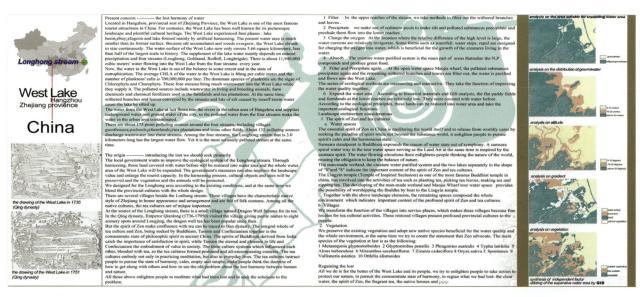

图3-5　寻找远去的西湖

图3-5 寻找远去的西湖（续）

3.2.6 第40届IFLA大学生风景园林设计竞赛一等奖作品分析

《逝——边缘渐没的20年》（2003年）
学校：清华大学建筑学院景观学系
作者：李家志、李丽
指导教师：朱育帆

2003年IFLA第40届大会在加拿大（Canada）的卡尔加里（Calgary）召开，此次国际风景园林大学生设计竞赛的主题是"边缘的景观（Landscape on the Edge）"，组委会解释是：随着文明进程加速，许多有丰富历史、文化、生态价值的景观，正处于不可恢复的边缘，要求参赛者对这些边缘展开设计。设计者经请教导师，决定选择中国的三峡。

从时间上来说，三峡正处于变化的临界点：大坝6月即将开始蓄水，这将对三峡整个地区产生急剧而不可逆转的影响；从空间来说，蓄水位调整，将使上游沿岸近560km范围的区域内，海拔高度处于175m以下的140多个村镇面临拆毁、搬迁，处于即将消失的边缘状态；从文化上讲，三峡大坝截断的不只长江，还有这个地区独特的传统文化脉络，延续千年的历史处于消失的边缘；生态上，"高峡出平湖"这样一个人工的急剧变化，必然伴随着当地生态的被破坏。综合分析，三峡地区充分体现了竞赛主题：人类活动所造成的有历史、文化、生态价值，不可恢复的"边缘的景观"。另外，"三峡"这样一个特大工程，在国际上也有相当的知名度，在多个学科中存在诸多争议，这可以给设计方案带来更多的共鸣。

大区域确定后，接下来需要寻找一个有代表性的点。三峡地区由于三峡工程长期议而不决，城市建设基本处于停滞，但也使得这里相对其他周围地区来说，历史遗存更加丰富完整。这为设计者从这个点本身所包含的独特历史出发探索解题思路提供了更多可能。寻找的这个代表点，需要契合边缘景观的特征：在三峡水位变化时能产生兴奋点；具有突出的空间、文化特点；规模不宜太大，但有较高的国际知名度。在对沿江受淹的十几个较大城镇基础情况做调研后，目标锁定在西沱、石宝寨和大昌。西沱2km长的"云梯街"，在水位上涨后将消失500m；石宝寨在水位上升至175m时，仅留下玉印山，成为长江中的盆景；大昌具有1700多年的历史，平面近圆形，古镇的主要结构"三街三门一坊"保留完整，长江水位上涨后，大昌前蜿蜒而过的大宁河将淹没整个古镇（图3-6）。

设计的灵感是要展示处于消失边缘的三峡古镇大昌在20年中的景观演变过程，将一道锐利边

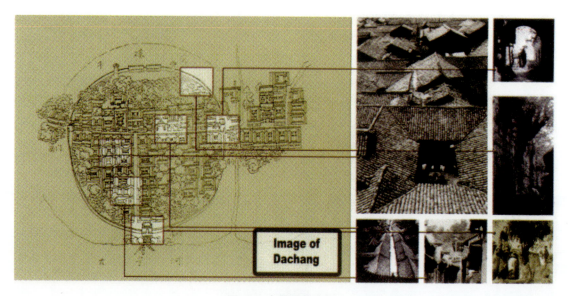

图3-6 大昌现状分析

缘转化为生长的、持续的、温和的变化过程，让处于毁灭的边缘成为新生长的起点。这个 20 年将构成新的一段历史。因而把设计场地选择位于重庆市境内长江的一条支流——大宁河边大昌镇。它有着 1700 年的悠久历史，城市结构非常有特色：内城面积约 $4.27hm^2$，包括圆形城墙基址、2 条主要街道和 3 座城门；外城起始于东城门，顺着一条主要街道向东延伸。这两部分，记录着这座城市从秦朝以来完整的历史过程，标志了三峡地区独特的城市文化。整体搬迁或者任其拆毁，对于大昌古镇都是不恰当的处理方式。即使古镇得到迁址，村镇的人口组成与生活方式都变动很大，结果将是：一个内部变质的古镇外壳被迁移，古镇的生活文化已经变味。从某种意义上讲，这种方式并不比拆毁明智很多，同时由于所需资金的庞大而不具有普遍性（图3-7、图3-8）。

图3-7 大昌场地和水文分析

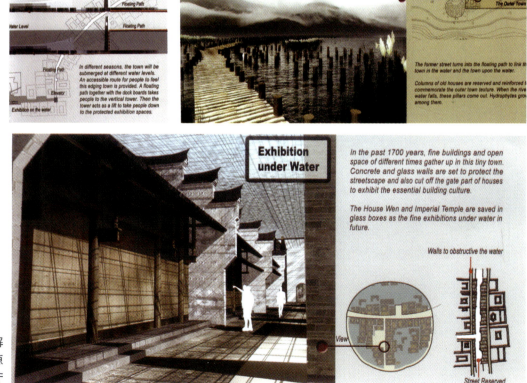

图3-8 大昌设计解析：游览路线，源源的道路，水下展厅

设计者提出展示"边缘"的生命过程，减缓人类活动对生态环境的干扰，塑造景观格局的框架体。

以上的概念和措施，代表了一种发展的模式，设计师称之为"渐没的边缘"。它提供了一种缓和的方法来应对人类行为造成的突然性变化。生活中存在更多的被其他人类活动所摧毁的景象、历史或文化。我们提出的这种模式可以做一面镜子，它反映了风景园林师在特定时期，如何将一道锐利的边缘转化为新生长的起点，融合为整个历史的一部分。

3.2.7 第42届IFLA大学生风景园林设计竞赛一等奖作品分析

《安全盒子——北京传统社区的儿童安全成长模式》（2005年）

学校：北京林业大学园林学院

作者：余伟增、高若飞、耿欣、魏菲宇、高欣

指导教师：李雄、梁伊任、章俊华

2005年IFLA第42届大会在英国的爱丁堡（Edinburgh）召开，此次竞赛的题目是"更为安全的城市和城镇"，希望获奖项目成为IFLA对联合国居住区协会的帮助内容中的一部分，并激励人们就"景观怎样使城市和城镇变得更安全"的问题进行探索。面对诸多的可供选择的安全问题，从哪里入手，以什么样的角度来阐述设计者对安全问题的理解成了关键，以及尽快选定一个合适的主题。

在导师的引导下，设计者确定了解题的方向——儿童的安全，选定场地——北京菊儿胡同。通过现场调查，分析了菊儿胡同中威胁儿童人身安全的几点因素：①社区中大量年久失修的四合院和随意搭建的棚屋不但在本身的牢固性上存在问题，还极易引起火灾；②胡同和四合院作为传统内向型居住模式，公共空间的缺失使得孩子们的活动空间不得不集中在车辆拥挤的胡同之中，狭小的胡同空间对儿童的活动存在安全问题的威胁；③社区中有众多的出租房屋，服务设施凌乱，居住与商业并存，导致人员结构复杂，人际关系日趋冷漠，增加了儿童的不安全因素（图3-9）。

经过对菊儿胡同中现存问题的分析，设计者对儿童安全问题进一步拓展了认识——缺乏引导儿童安全成长的有利环境。最终提出冒险、自然、运动、个性、协作、智力、想象力和道德这8个方面的因素。在参考了许多关于北京胡同和四合院的建筑竞赛的获奖作品之后，设计者决定以方形盒子的形式来营造胡同社区中的公共空间并向孩子们展示上面提到的8个方面的因素，并将其命名为"安全盒子"，盒子的放置位置则是由从多个方面的分析数据叠加出的结果决定的（图3-10）。

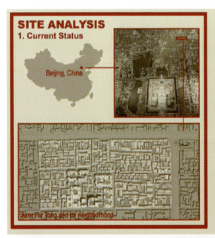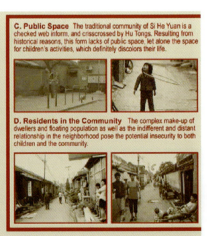

图3-9 安全的盒子——北京传统社区场地分析

图3-10 传统社区安全的盒子鸟瞰图

对于四合院改造，菊儿胡同是比较有代表性的地块。对于菊儿胡同中的部分四合院的新形式的探索和研究曾引发了很大的反响，但是菊儿胡同以前的改造仅仅是对整个菊儿胡同片区的一小部分进行的试验，同时也带来了新旧四合院模式的差异和居住人员的差异。同时，现代化城市发展本身也给传统四合院形式带来诸多问题，这个地区问题的复杂性激发了设计者的研究兴趣。通过对现状的调查分析，设计者发现了一些问题，如新四合院的引入带来的问题，城市化发展给传统四合院带来的问题，交通安全问题，火灾隐患问题，大杂院本身的问题。通过对上述问题的分析，设计者认为儿童安全问题不仅存在于对身体的伤害上，更多存在于儿童成长的过程本身。影响儿童安全的问题归为两个方面：一方面是现存的对儿童构成人身安全的不安全因素；另一方面是缺乏引导儿童安全成长的有利环境。因此，提出减少现存的对儿童构成人身伤害的不安全因素，创建儿童安全成长环境模式。根据儿童生活环境中缺乏的因素以及儿童安全成长所涉及的主要方面，赋予每个"安全盒子"不同的主题：分别是智慧、个性、协作、自然、冒险、运动、想象力和道德，最终形成8个盒子。

四合院是中国传统文化的代表之一，对它所做的任何改变都应该是建立在尊重历史和文化的基础上的，所以设计者也希望"盒子"的形式能够表达四合院元素和精神，人们看到建筑、人和树构成了传统四合院的空间模式，它们是四合院的灵魂，设计者提取了这3种元素作为盒子的外形，结合设计内容变化其形式。

智慧盒子（intelligence box）：通过富有趣味的儿童活动设施使儿童在游戏活动中学到知识，激发他们的学习兴趣和智力潜能，在游戏中设置不同的障碍，每一个障碍都需要孩子们用智慧的手段想办法解决，每个问题的解决方法可以是多种的，通过游戏充分发挥孩子们的聪明才智，使他们懂得在遇到困难和危险时，如何想办法克服。

协作盒子（cooperation box）：现代的独生子女缺乏互相协作的精神，盒子内部活动的安排促进儿童互相帮助，比如传统游戏中的跷跷板、秋千、拓展游戏中的浮桥等，在游戏活动中学会与他人互相关心和合作。

个性盒子（character box）：建立一个室外的大舞台，给儿童一个展示才艺和个性的空间，同时也提供一个互相交流的场所，在这种沟通和交流中，不仅培养孩子们的个性，同时也加强邻里之间的了解和沟通。

想象力盒子（imagination box）：通过营造一个充满梦幻色彩和奇特造型的场所来激发儿童的想象力，在场地中设置梦幻通道，通道的扭曲和镜面反射以及设置的奇幻影像，如宇宙、星象等，给孩子们一个无限遐想的空间。

自然盒子（nature box）：对于四合院这样一个人口和建筑密度极高的居住形式，孩子们对自然的认识极度匮乏，同时他们对自然充满强烈的渴望，一棵大树就可以成为他们关注的焦点，所以利用相互关联的两个盒子充分展示这个主题，通过对风、水、阳光、植物等自然元素的提炼，使孩子们能够了解自然、热爱自然、珍惜自然、向往自然。

冒险盒子（adventure box）：培养冒险精神对于儿童安全至关重要，在这个主题中设置了如攀岩等活动，在各种冒险活动中，需要孩子们克服

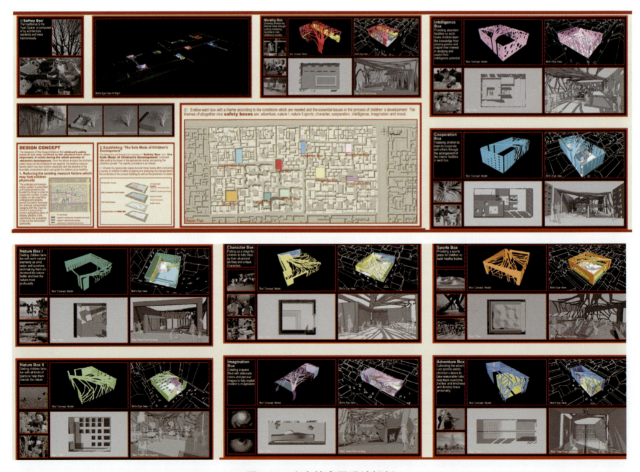

图3-11 安全的盒子设计解析

畏惧心理，树立自信心，不怕艰险，勇往直前，当然在冒险活动中设置了有效的保护措施，也使孩子们在冒险活动中了解自我保护的重要意义，学会自我保护的方法。

运动盒子（sport box）：通过营造特定的儿童运动场所达到锻炼身体、提高身体素质的目的，利用地形分割空间，孩子们可以凭借自己的想象力，充分利用不同的有趣地形进行如轮滑、捉迷藏、跑、跳等运动，同时，缓和的坡道和弹性材质也可以为残障儿童提供简单的活动场所，使他们能和普通孩子一起健康地成长。

道德盒子（morality box）：通过中华民族传统美德的展示，培养儿童良好的道德品质。虽然生活在复杂的社会和人群中，但是通过观看展示过程中父母对传统美德故事的讲解，可以培养孩子们分辨是非的能力，同时增进孩子与家人之间的感情（图3-11）。

3.2.8　第44届IFLA大学生风景园林设计竞赛一等奖作品分析

《韩国首尔的和平墙》(Peace Walls Seoul, Korea)
学校：韩国首尔大学
作者：(Korea) KIM Suk-Ha、HA Min-Ho、KANG Han-Duck、YUN Ryu-Kyung
指导教师：KIM Ah-Yean

2007年第44届IFLA世界大会在马来西亚(Malaysia)的吉隆坡(Kuala Lumpur)召开，主题为"让地球重归伊甸园"(Eden-ing the Earth)。

韩国有一道坚固的防御工事用以抵御朝鲜的入侵，它的名字叫作"防御坦克的墙"。这座20世纪70年代在韩国首都首尔建起的防御墙成为冷战时期的纪念碑，也勾起韩国民众对朝鲜战争的痛苦回忆。

随着"阳光政策"推行，朝鲜半岛步入和平时代，这座曾经的防御之墙也即将被移除。参赛者的设计则是将这座防御之墙加以改造，整合到公园环境中去。曾经的防御墙如今具有了现实的和平意义。因此，参赛者致力于将这座墙的改造设计作为朝鲜半岛由分裂迈向统一的过渡以及和平的象征。

有人或许会怀疑这样一个痛苦回忆的象征在和平时期存在的意义。然而正如每部电影情节都会有转折一样，本设计或许正承担了这种转折的使命。为了获得统一，各种各样的谈判在一轮接一轮地进行。然而，谈判可能仅是双方政府平衡各方利益关系的必要渠道，而非实现统一的真正途径。这种向往在寓意深刻的空间中通过印记加以累积，当它获得事件性的关注时，将进一步增强半岛民众超越地理隔离的心灵统一。

设计策略是将群落机能附加在和平之墙上，使用者将它作为一处独立的群落空间来感知。引入了群落机能的和平之墙通过生态系统、水循环系统的运行发挥作用，从而富于生命意义。和平之墙与自然形态的北汉山相连接。围绕墙体筑起坡度10%的堆体，形式隐喻分水岭的概念。它作为北汉山的一部分，构成连续的山脊线，形成生态廊道。渴望统一的愿望表达在和平之墙的表层上。整个墙面被划分为1000个20cm×20cm的单元，单元中以各种各样的方式寓意统一，以加强使用者对于统一的感知。在划分成单元的墙面上，大大小小的掌印见证了朝韩两国骨肉血亲的相聚重逢。墙面上安装液晶装置，呈半透明状，寓意与朝鲜的和谐共处。10万个单元代表了10万个期盼和平统一的愿望，当这些单元随着时间的推移不断积累起人们表达统一愿望的印记，将产生震撼人心的视觉冲击力。最终所形成的景观不是通过设计师的图纸实现的，而是一种自发经营的结果。设计师仅提供一张空白的图纸，最终生成的画面是参与者真实意愿表达的产物。

参赛者选取的设计对象反映了韩国的社会历史和现时政治。通过视觉景象的积累涌现和被感知，这一场所将成为象征国家和平、生命不息的所在（图3-12）。

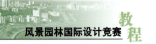

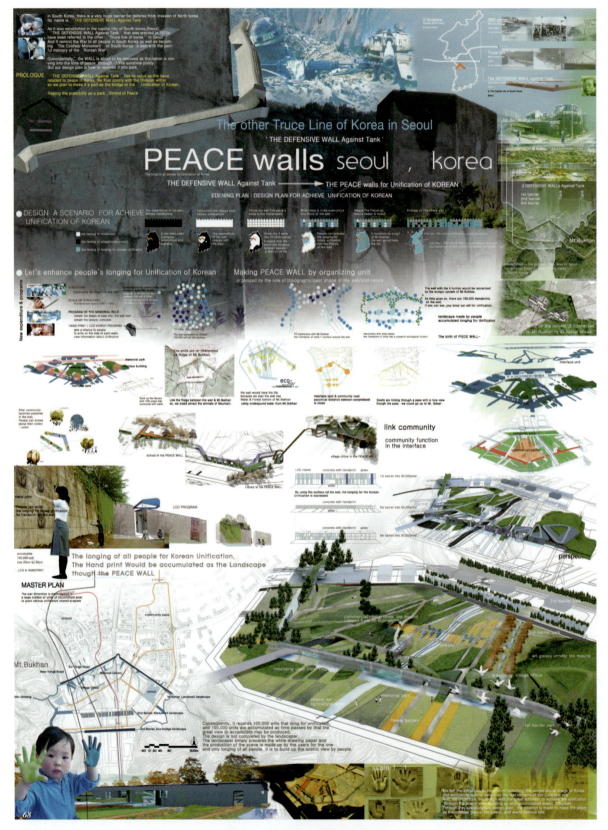

图3-12 韩国首尔的和平墙设计

3.2.9 第46届IFLA大学生风景园林设计竞赛一等奖作品分析

《绿色的避风港——作为绿色基础设施的防风避风廊道》（2009年）

学校：北京林业大学园林学院

作者：张云路、苏怡、刘家琳、鲍沁星、张晓辰

指导教师：李雄

第46届IFLA世界大会在巴西的里约热内卢召开，大会的主题是"绿色基础设施——高性能景观"（Green Infrastructure: High Performance Landscape）；IFLA国际大学生设计竞赛的主题是"绿色基础设施：明天的风景园林、基础设施和人"（Green Infrastructure：Landscapem, Infrastructure and People for Tomorrow），目的在于创造高效能的风景园林，重点研究气候变化、城市化背景下基础设施的功能定位。

喀什老城拥有悠久的历史、灿烂的民族文化，是中国唯一保留完好的拥有西域风情的古城，但同时老城也面临着一系列的危机。这些危机引发了设计者深深的思考，设计人员是否能够运用风景园林的手法在改善古城风环境的同时，缓和以上的冲突矛盾，从而提高当地居民的生活质量？至此，对于喀什老城的环境改造成为了设计者的主要议题。

此设计针对喀什严重的风害问题，借以老城改造的契机，以科学的防风抗风手法对老城进行环境规划与设计，在老城中插入防风避风绿色基础设施来改善老城的风环境问题，提高当地人民的生存生活质量。此基础设施由防风植物及避风构筑物共同构成，以低调的方式介入老城的街道体系之中，旨在创造老城友好的室外环境的同时，鼓励城中居民进行交流、运动、巴扎贸易等室外活动，恢复该地区特有的非物质文化遗产，并以此带动区域内商业及旅游业的发展，以经济的繁荣维持老城的活力。设计者希望方案中能创造出一系列"避风港"空间，它可以作为老城可持续发展的激活器以及积极适应气候变化的案例。

喀什古城面临许许多多的问题，种种冲突矛盾愈发激烈：古城基础设施的缺乏与古城人口激增的矛盾，古城的改造与古城氛围保留的矛盾，古城文化保护与经济发展的矛盾等。设计者认为，古城如果失去了内部的人文活动，也就失去了其存在的意义。怎样兼顾古城基础设施建设、环境改造、古城风貌保护和非物资文化遗产的延续，是主要议题。从防风避风的考虑入手，保护当地的非物质遗产，延续当地富有民族文化特色的生活方式是设计者期盼的最终目标（图3-13）。

3.2.10 2012年第49届IFLA大学生风景园林设计竞赛一等奖作品分析

景观改变生活《漂浮的城市，漂浮的模块》（2012年）

学校：北京林业大学园林学院

作者：孙帅、吴丹子、冯璐、李慧、鲍艾艾

指导教师：王向荣、林箐

IFLA第49届世界大会在南非开普敦举行，本届国际大学生设计竞赛的题目是"景观改变生活"（Creative Landscapes Transforming Lives）。当今的景观设计在城市区域中产生令人瞩目变革力量，具有创新性和战略性的景观设计可以给城镇带来各种好处，本次设计竞赛旨在引导大学生通过景观设计，为公众提供更有意义的城市生活，同时也让公众越来越意识到景观的价值。

设计作品"为水上渔镇创建漂浮的景观模块"（Floating Module for Floating Town），选取中国香港最古老、最有环境特色和最具民俗传统的大澳渔村为研究对象，通过梳理大澳"疍民"历史背景、民俗传统、生存环境特征和经济活动方式等地域性脉络，利用大澳渔村位于山地与海洋交界地带的地理特征，提出"漂浮"的设计理念。

(1)背景分析

大澳渔村位于香港新界大屿山西部，三面背山一面朝海，是岛上最早开发的渔村。由于地处山体与海洋交界的狭长滩涂地带，易于进行城市建设的土地较少。此外，由于有3条河涌从渔村中部穿过，将其分为两地，渔村两岸仅依靠步行桥相连，陆上交通不畅，当地居民需要依靠小船辅

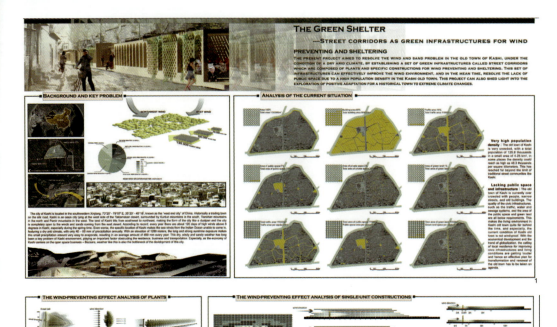

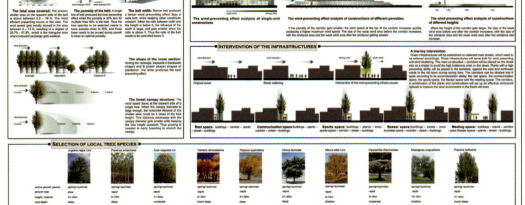

图3-13 绿色的避风港——作为绿色基础设施的防风避风廊道设计

助通行。大澳渔村所处地理位置最明显的特征是"滩涂地带",这导致区域内居民所需的公共活动空间、公共交通空间和绿地空间不足,同时由于潮汐水位变化的影响,传统的园林设计方式不能满足场地特征要求。这种独特的地理位置激发了让景观"漂浮"起来的设计理念。

由于远离烦嚣的香港市区较少受到都市化的影响,大澳渔村至今仍然保留了香港开埠初期古朴的渔村面貌,其现有的"葛洲帆影""疍家棚居""海角琼楼""古炮楼"等风景点反映出大澳渔村具有深厚的人文景观沉淀。世代居住在这里的疍民,拥有独特的终生以船为家的水上生活习俗。根据清代侯官、闽县两县的旧志记载,疍民"其人以舟为居,以渔为业,浮家泛宅,遂潮往来,江干海澨,随处栖泊"。这就要求设计在疍民的传统生活方式框架内,构建符合当地人水上生活习惯的景观。

疍民以捕鱼为生,习惯了在海上生活,他们将棚屋建筑在竖立于水面的木柱之上,并盖以铁皮。棚屋户户相连,沿着滨海滩涂带形成成片的水上棚屋区,疍民通过舢板出入。纵横的水道和水上棚屋形成了大澳独有的水乡情怀。"连家船"是对疍民水上棚屋的另一种称谓,其长度多为5~6m,宽约3m,首尾翘尖,中间平阔,并有竹篷遮蔽作为船舱。一艘连家船同时为疍民提供了工作和生活的空间,生产劳动在船头的甲板,船舱则是家庭卧室和仓库,而从事水上运输的疍民

图3-13 绿色的避风港——作为绿色基础设施的防风避风廊道设计（续）

会将船舱同时作为客舱或货舱。疍民的生活习惯、劳动生产方式，仍然保存着水上人家的特色，坚守着中国南部沿海渔家生活的传统，极具特色。

大澳传统的咸鱼、虾酱和鱼肚远近驰名。大澳渔村是珠江河口著名的渔港，渔业是大澳重要的经济收入来源。20世纪60年代后期，珠江口的渔业资源逐渐枯竭，疍民单靠捕鱼难以维持生计，于是转而从事海产加工并依靠旅游业获取收入。大澳百多年来还是香港的产盐区，疍民利用海边浅滩地势，建造堤坝（护盐围），把围起的滩涂分成不同的晒盐区。虽然获取了一定经济收入，但长久下来导致滨海滩涂区域生态环境被破坏。

近年来，由于激烈的国际市场竞争，晒盐收入变得更加微薄，导致越来越多的盐田荒废并面临淘汰。疍民传统的经济活动方式逐渐萎缩，亟需获得新的收入来源，于是利用渔港水湾附近的近海水面，创建"海上农场"景观的设计理念便顺势而生。

大澳坐落于珠江的淡河水及咸海水交汇处，是红树林生长的理想地方，也是各种生物的栖息处。本该是自然景观优美、适宜开展生态旅游的地方，但由于大量近海滩涂被开垦为晒盐区，渔村的自然景观被工业生产破坏，白鹭、中华白海豚等野生动物失去庇护所，大澳渔村也失去了天然生态保护屏障。随着晒盐业的没落，逐步将盐田修复为红树林，发挥其应有的生态效益和景观功能成为设计师的任务之一。

20世纪90年代以前大澳渔业、盐业和水产加工业繁荣，大澳渔村内部人口结构合理，社区健康发展。从那以后随着传统产业的衰落，年轻人离开家乡外出打工，大澳渔村内主要为留守的老人和小孩，劳动力进一步下降；同时外来旅游者大量增加，狭窄的街道、脆弱的生态环境无法承担大量人流带来的压力。环境问题与经济问题相互制约，形成恶性循环。

(2)设计策略

大澳是具有渔、盐、农、商混合社会文化的香港传统社区。在悠长的历史地理演化过程中，其生态环境、生活方式、渔业经济、疍民组织、宗教信仰和建筑形式，共同构成了一种独具特色的多元化的水上渔村传统。棚屋、疍民、捕鱼、盐田以及水面之上"漂浮"的生活方式是其独特的社区名片。"漂浮"既是城市特征、社会文化特征也是生活方式特征，是区域特征的集中体现。方案分别针对改善社区绿地空间、修复红树林生态区和增加海上农场经济区3个方面，构建了适合大澳地域特点的"漂浮"景观体系。

①社区内4种漂浮景观单元 疍民的水上棚屋户户相连，呈带状沿河道紧密排列分布，公共交通通道狭窄、复杂而混乱，公共活动空间不足，并且缺乏公众易于亲近的绿地空间。同时，外来旅游者没有独立的游览路径，游览空间与居民日常生活空间相互影响，伴随着一辆辆旅游大巴的到来，社区内人流强度瞬时增加，原有的公共空间系统不堪重负。方案设计了漂浮在水面之上的步行木栈体系，由4种漂浮景观单元构成：步行道单元、绿化廊架单元、草本花卉单元和贝类养殖单元，它们均通过浮筒获得浮力，面层均为防腐木铺装。面层之上是供疍民和游客交流、聚会、休息并观赏的绿色空间；面层之下，充分利用浮筒之外的剩余空间设置贝类养殖箱，为疍民提供唾手可得的食物。4种景观单元可灵活调节组合方式和数量以适应水上棚屋区内复杂的空间环境，这条漂浮在水面之上的步行木栈体系，为疍民社区构建出一条安全的步行空间，连通了社区内现有的棚屋、小学、寺庙及商业街。

②修复红树林生态区 在滨海废弃的盐田基址上修复红树林生态区，同时具有明显的优势和劣势。优势在于盐田基址背山面海，是山地汇水和海洋潮水的交汇地带：山地汇集而来的淡水可以有效地调节场地内表层土壤的盐碱度；潮水则带来富含矿物质的淤泥。这些条件都有利于红树林植被区的恢复。劣势在于盐田长期荒废，场地内留存有工业生产污染物，若不经处理引入海水会引起环境污染的扩散。同时，红树林湿地的恢复是一个长久的自然过程，仅依靠有限的人力和经济投入无法完成长期的修复计划。

本方案利用城市建筑废料、河道淤泥和盐田废渣在盐田内建立六边形结构的土丘骨架系统，创造一套连续且相互贯通的新地形体系。在潮汐的带动下，成为便于淤泥淤积的"骨架肌理"，在未来如同在血管的助力之下，肌肉在骨骼上生长一般，淤泥借助水流的力量逐渐沉积在"骨架肌理"中，新的土地开始生成。同时，分期引入耐盐先锋植物，逐步改善土壤结构和肥力，借助自然植被和水体的力量逐步修复滨海红树林生态区。这种战略性景观构架一旦建立起来，不仅为大澳渔村构建起一道生态屏障，而且能够吸引更多的野生鸟类、鱼类来此栖息，增加区内生物多样性，并有利于在未来开展生态旅游服务，促进大澳经济产业转型。

③增加海上农场经济区 珠江河口渔业资源的衰竭对于疍民来说不仅仅意味着经济收入减少、打鱼生活习惯的改变，更意味着疍家传统渔业文化无法传承下去，疍民的特色逐渐消亡。拯救疍民渔村的关键是帮助其获得持续的新的渔业资源。

海上农场概念最早由日本提出并实践，1980年日本便开始实施一项为期9年的"海洋腾飞计划"，大力发展海水养殖业，充分利用了海洋空间以缓解陆地粮食生产空间的不足。"海上农场"恰好可以满足大澳渔村的经济需求。同时，大澳渔村三面背山一面朝海，拥有天然的近海河口港湾，这里海浪较小，海水深度适宜，拥有充足的阳光，营养物质丰富，适宜进行人工水产养殖。方案设计了海带—贝类联合养殖、鱼类—贝类联合养殖和鱼类养殖3种养殖类型，充分利用近海河口海湾内水面空间和自然条件，构建水下的立体人工饲养海产农场，海产品加工业也得以复兴，吸引更多的游客前来购买海产品。同时，六边形结构的海上农场构成了大澳渔村独有的"大地景观"，成为大澳新的城市名片（图3-14、图3-15）。

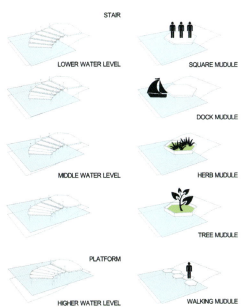

图3-14 漂浮的景观体系图解1

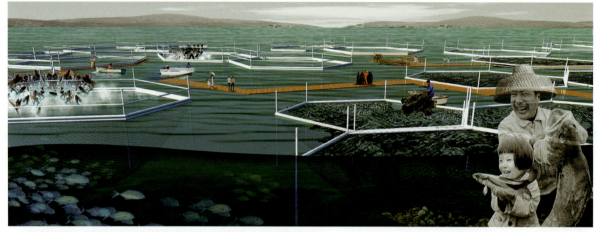

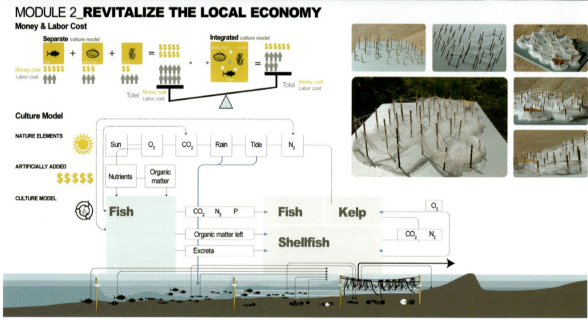

图3-15 漂浮的景观体系图解2

3.2.11 第六届IFLA亚太区大学生风景园林设计竞赛一等奖作品分析

《无极——融合与生长》（2009年）

学校：同济大学建筑与城市规划学院景观学系

作者：袁芯

指导教师：陈蔚镇

2009年IFLA亚太区会议在韩国仁川市松岛新城，其主题是"城市与风景园林的融合"（Hybrid and Convergence of City and Landscape Architecture）。

设计者考虑到两大思路：一是无极。无极即道，是老子用以指称道的终极性概念。汉代的河上公在《老子章句》中认为复归无极就是长生久视。无极，亦是一个循环往复、可持续的概念。文化的传承、经济的发展、人类的进步都是在追求一个无极的、持续的、永恒的状态，而其根源是生态无极化。在全球气候变暖的状况下，我们在思考碳源与碳汇的平衡，思考碳循环，思考万物之间可能达到的无极境界。二是低碳。全球变暖导致冰川融化，海平面上升，对沿海国家和地区构成很大威胁。同时，全球碳足迹与日俱增，碳排放总量逐年递增，整体生态循环系统因为碳循环被破坏而受到影响。在大力提倡节能减排的今天，要思考如何利用自然资源本底来构建碳汇生态系统，采用低碳化的生活生产方式来实现碳平衡。湿地被称为"地球之肾"，具有固定碳的作用，单位面积湿地的固碳作用远远大于森林、海洋。因此，湿地碳汇将在整个碳汇系统中发挥重大的贡献。具体包括：①滩涂生境。由海藻、海草斑块，珊瑚斑块以及有壳类水生物斑块组成。②盐沼湿地。作为水陆交界的敏感地带，堤岸带正是植被生长、动物生存的良好场所。为解决传统混凝土护岸与生境单元保护之间的冲突，引入盐沼湿地作为元素进行护岸设计。盐沼植物对海岸沉积动力过程有重要影响。盐沼植物能阻碍经过其上部的波浪，一定宽度的植被带几乎能完全消耗到达岸边的水体能量，保护水岸。③人工湿地。由于建筑以及人为因素的存在，不可避免地会产生一定的"碳源"，对于其产生的污水可以利用芦苇—岩石地下水流湿地系统进行处理，处理后可以用来浇灌植物等。④农田生态系统。上层为树林层，树木带植或群植，疏密有致的树林为下层菜地提供适当光照与阴影，满足农业的产值需求。下层为菜园层，以植物中最具碳汇作用的豆科类植物为主。局部采用不耕种、自我维持的种植模式进行试点，从而有效抑制因不断耕种而产生的"碳源"。下层肌理以别具乡土景观特色的菜地与杂草地为主。这样很好地解决了农业产值与生态保护之间的矛盾，使得农业有效发展，土壤兼备碳汇作用。⑤森林生态系统："碳汇林"概念引自《联合国气候变化框架公约》；利用森林的储碳功能，通过植树造林、加强森林经营管理、减少毁林、保护和恢复森林植被等的活动，吸收和固定大气中的CO_2，并按照相关规则与碳汇交易相结合的过程、活动或机制。通过改善土质，以满足碳汇林生长生存条件的同时，加厚的土壤深度更易促进碳汇过程，增加森林生态系统整体碳汇能力。

设计场地选择在上海地处崇明岛东端前沿的瀛东村。这里的农村建设对原有生态系统造成极大的破坏。在此，通过引入"低碳乡村建设"的概念来作为一种示范，崇明瀛东乡村的低碳建设需具备两点：一是构建湿地—农田—森林碳汇系统，重新还原自然界的碳汇功能，不断发挥其固碳的作用；二是营建人居低碳生活模式，提倡从每个人做起的节能减排，减少碳源的排放，实现绿色低碳生活。具体措施为：

(1) 自然碳汇生态系统

依托崇明东滩生态城的建设，瀛东村结合湿地公园改造项目，在 $53.3hm^2$（800亩）范围内实现"碳汇生态系统"的规划，响应全球号召的同时，更是把生态与产业有机结合，成为一个以碳汇为主要目的的试点湿地公园，以全新的新农村规划理念辐射中国的整个新农村建设。

湿地—农田—森林碳汇系统，即为瀛东尺度下的自然碳汇生态系统，在恢复原有良好生态系统的基础上，进行鱼塘改造湿地项目，使其在兼备生产功能的同时还有碳汇的功能；保留农村原有农田的肌理，通过不同的林田组合方式来创建农田生态系统，使其兼顾农业产值与生态碳汇功能；利用地形塑造来改变土壤盐碱化，引入"碳汇林"概念，使其极大化地发挥碳汇作用。三者的结合，形成自然碳循环系统，达到区域范围乃至更大范围内的碳平衡。

(2) 人居低碳生活模式

低碳生活，注重"零碳源"或"少碳源"，是对人类活动所带来的碳源进行限制与控制。生态人居是一种生活系统，坚持低碳理念的精髓，延续低碳生活的内涵，构建人居型低碳生活模式。

在发展新农村建设的过程中引入生态村的概念。生态村的发展不仅依托村内居民的参与和建设，同时还需要依托村所在的区位力量，借以村外的物力、人力来协助村内的各项建设与发展。生态村是以一个住宅社区为基础，符合"公共住宅（Co-housing）"原则和环境可持续发展的原则，其人口规模控制在 50~500 人之间。这是一个自给自足的居住环境，在其中的一切人类活动均不对自然环境构成威胁，同时，其为人们提供了一个积极向上的发展空间，配以多种机会类别的选择，始终保持可持续的发展模式（图 3-16）。

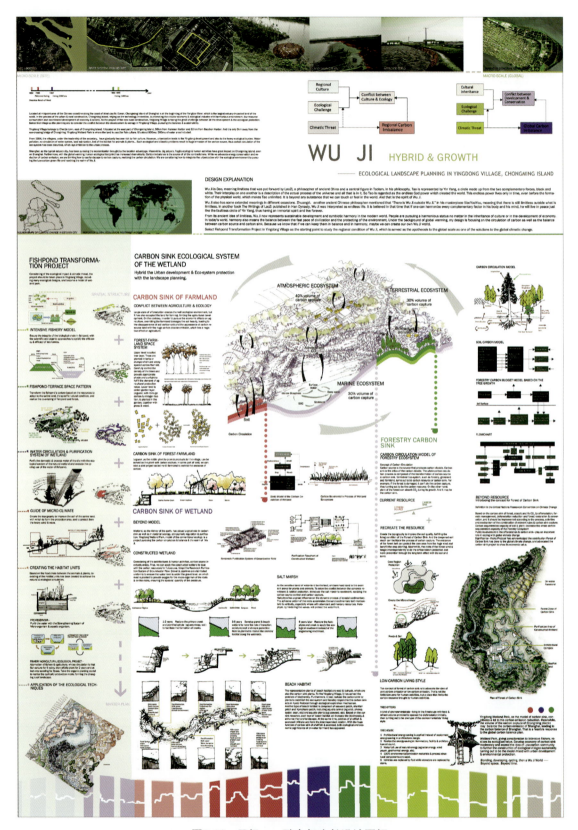

图3-16　无极——融合与生长设计图解

3.2.12 第47届IFLA大学生风景园林设计竞赛一等奖作品分析

《黄河边即将消失的活遗址——碛口古镇的保护与和谐再生》（2010年）

学校：北京林业大学园林学院

作者：白桦琳、杨忆妍、郝君、王南希、王乐君

指导教师：李雄

(1) 解题与构思

2010年第47届IFLA大会在中国的苏州召开，大会主题为"和谐共荣——传统的继承与可持续发展"（Responding to Nature to Achieve Harmony and Prosperity – Traditional Inheritance and Sustainable Development），这也是大学生设计竞赛的主题。此次竞赛要求参赛作品必须对作者所居住或学习的国家内城市历史的遗址保护和更新具有独特的认识，并采用创新性的理念和方法，在满足现代社会需要的同时，珍视场地的价值和精神。

设计者经过讨论确定了大方向是要选择一个独特并且"活的"遗址，即山西的碛口镇。

通过分析碛口的历史变迁发现，碛口作为一个需要保护的遗址，有它自身的特点和价值，值得保护并且继承它的优点；作为一个城镇，在现代社会中因为其传统的生产方式和交通都不再适合社会的发展，它变得闭塞和贫穷，我们应该让它重新焕发生机。因此设计者对场地采用"保护—更新—再生"的方式，分段、分情况对古镇进行保护和更新。基于这样的分析，将题目定为"黄河边即将消失的活遗址——碛口古镇的保护与和谐再生"。

碛口古镇位于中国山西省临县，坐落在黄河晋陕峡谷中部，黄河与湫水河的交汇处，因黄河第二险滩大同碛而得名，是古代黄河水运与中原陆运的重要转换地。独特的地理位置成就了碛口曾作为古代商贸重镇的辉煌，黄河文化、黄土文化与晋商文化融合于此，和谐发展。繁荣的经济带动了碛口多行业的发展，形成了一个有着独特建筑形式和城市结构的小城。碛口古镇背山面河，由3条主街和与之垂直的11条小巷构成。过去，古镇被分为东市、中市和西市3个部分。3条主街由北向南，沿黄河滩横向列开，由于地势的关系，沿黄河的头道街最长，据说是五里长街，有二三百家店铺，店铺前头是5~6m宽的街道，街道尽头即黄河。设计者调研时住的那条街巷和长兴店称为二道街，三道街则只300多米长。沿街为单面店铺，都靠着东部山根，曲曲折折，沿地势走向自然延伸。垂直于主街的这11条石巷使得碛口长街显示出一种疏密有致的节奏感，而且石巷由山脚呈30°以上的斜角上延直抵山腰，巷子两边都是高墙大屋、巨宅豪门。这些院落大部分都是窑院，最多可以垒叠6层之多，而且是院中院、院套院、一院连二院，沿着山势向上铺排开来。每条小巷都有拱券巷门，那拱券大多是半边拱，半边拱既有十分强烈的装饰效果，同时也支撑着两边的墙体不致变形，一条条石巷、一个个半边拱把全部建筑都连接起来，让人觉得碛口古镇是一个结实无比的整体。当然，这11条石巷既是前后街道的通道，同时也有其使用功能，雨季的山洪和生活污水都要从这巷子下泄黄河。头道街下的码头是自然河岸，过去兴盛时期这里停满了装卸货物的船只和驼队。

20世纪30年代开始，随着商业的衰落和战争的侵蚀，这里码头功能尽失，为防黄河水患，河岸边还修筑了很长一段堤岸，居民的生活逐渐远离黄河，碛口最终失去了使它兴发的作为水旱转运码头的功能，现代化铁路和公路的兴建，使陆上运输远比黄河运输更便捷、安全且廉价。近年，葭县和吴堡跨黄河的公路大桥通车，碛口只剩下与对岸吴堡农村的集市贸易关系了。贫瘠干旱、十年九灾、水浇田不过1/10的黄土地农业不能支持碛口的繁荣，甚至不足养活3000多的人口。碛口已经失去了其独有的优势，逐渐破败。但是，碛口面对如此巨大的改变，依旧留下了相对完整的建筑群、清晰的城市结构、有地方特色的民俗文化和坚守居住的居民，成为了一座即将消失的活遗址城。与碛口面临同样问题的古老城镇在中国还有很多，它们曾经在历史上辉煌过，或因独特的地理位置，或因特有的生产方式，或因独有的风土人情等，但是由于已经不能再适应现在的

自然或社会条件,它们即将消失。

设计者提出的理念为"保护—更新—再生"的规划模式,目的是使碛口由古代的水陆码头转型为现代的特色旅游小镇,并且保持古镇的完整风貌。碛口古镇最具特色的巷巷相通、院院相连的城市格局,依山势而上的建筑形式,小镇居民之间和谐的邻里关系,以及面朝黄河背靠大山的自然生活方式等富有特色的场地特质都将被再生到新建的区域中,生活条件的改善将吸引周围的居民回到古镇生活,使没落的古镇重新焕发生机。

以下这些在场地设计方案中将被继承下来,在整个场地中得到再生:

①城市肌理 古镇原有布局规整有序,街巷主次分明,还有统一的院落空间格局(图3-17)。

②乡土材料 当地的石材,旧建筑的门窗、砖瓦及梁柱、农家用具等都是富有特色和趣味的乡土材料(图3-18)。

③邻里关系 邻里关系和谐,人与人的密切关系使古镇形成一个整体(图3-19、图3-20)。

④建筑与地形的关系 当地建筑依山而建,为多层重叠的窑院,最大限度利用了山地资源(图3-21)。

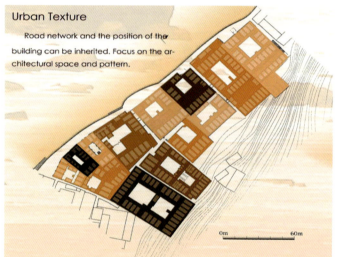

图3-17 碛口古镇城市肌理的提取

图3-18 古镇乡土材料提取

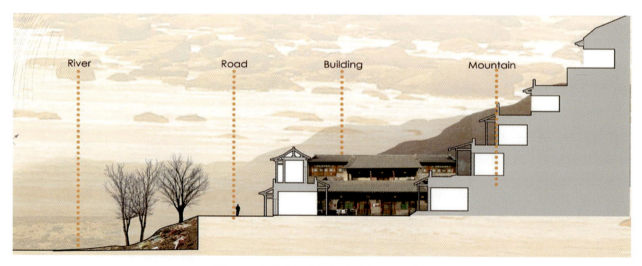

图3-19 碛口古镇建筑与地形的关系示意图

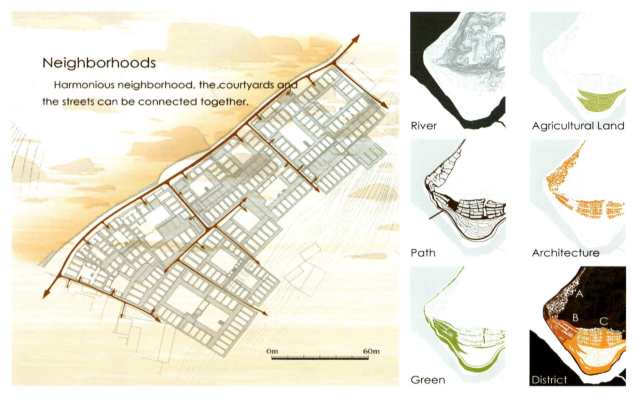

图3-20 碛口古镇邻里关系示意图　　图3-21 整体规划结构分层示意图

(2)总体设计——理念与场地的叠加

包括整体结构分区、水体系统规划、道路系统规划、建筑系统规划、农田系统规划、绿地系统规划。

分区设计有以下3个重点地区：

①古镇　对于城镇格局和老旧建筑保留得最完好的西市街和中市街，主要进行恢复性保护，并提取其城市肌理、建筑形式、地方材料等元素融合到要更新与再生的部分中。恢复原貌的古镇将以旅游业为支柱产业，经济的复苏将会给古镇注入生机，使得古镇永葆青春。对于老城中缺少植被的现状，利用当地建筑屋顶的覆土建造简单的屋顶花园就可以得到改善。将古镇与黄河隔离得高高的硬质堤坝将被拆除，梯级形式的沿河景观绿地将消化建筑与河岸之间的高差，既保护生态，又拉近了居民与黄河的距离（图3-22）。

②景观过渡区　东市街大部分已经被洪水冲毁，当地居民在古镇地基上新建了很多不符合当地风貌的建筑，所以设计者将这部分作了更新改造，不符合基地特质的新建筑全部拆除，并且将在这里建造一片景观绿地作为古镇与新城的过渡区域，作为古镇对外交通的终端，兼具游人集散与居民休闲的功能。新的景观绿地将利用古镇的地基和原有格局，结合地形进行重新整合，而且具有地方特色的乡土材料及文化符号将被应用到景观之中。场地中还会设置一些富有趣味的设施，为当地缺少嬉戏空间的儿童创造一个具有吸引力的游戏场所（图3-23）。

③新村　西头村区域主要将现有较为混乱的村落、农田和道路进行调整，将从原有古镇中提取出的元素结合新的技术、新的材料，再生出一个面貌全新但是继承了古镇场地价值的新村，同时新村的建设仍然要坚持节能环保的可持续发展原则。新村建筑将采用古镇传统建筑模式，依山而建，这样可以最大限度利用山地资源并整合出更多的耕地供居民耕种。设计者设想未来新村良好的生活条件将吸引周围村落的居民来此居住，当地人可以再也不必背井离乡谋求生路，最终它将再现古镇的繁荣胜景（图3-24）。

图3-22 A区细节设计表现图

图3-23 B区细节设计表现图

图3-24 C区细节设计表现图

3.2.13 2011年IFLA亚太区大学生风景园林设计竞赛一等奖作品分析

《皈依大地的美好生活——古老窑洞村庄的更新与改造》

学校：北京林业大学园林学院

作者：李欣韵、刘畅、严岩

指导教师：刘晓明、刘志成

2011年IFLA亚太地区大学生设计竞赛的主题为："善待土地：人与土地和谐共存"(Hospitality: The Interaction with Land)。此次竞赛促使参赛者对"人类与土地的关系"有了更深层次的认识和思考：在城市或者城市边缘地区，人类如何与土地和谐共存，如何合理有效地使用土地使之造福人类，将未来土地变得更具环境性、社会性、文化性、节约性等。同时，要求参赛作品对"善待土地"的概念提出独特的构思、前瞻性的理念、创新的设计手法，展示通过设计有效地提高人与土地直接的相互影响，从而达到人与土地和谐共存。

设计者把目光聚焦在中国陕西的窑洞，来充分体现出人与土地的相互关系。窑洞，作为中国西北黄土高原上特有的民居形式，渗透着人们对黄土地的热爱和眷恋之情，是自然图景和生活图景的有机结合。人们凿洞而居，耕作为生，相互联系形成村落，正恰恰体现出人与土地密切的联系。设计者认真分析了窑洞面临的问题，并积极提出以下具体措施：

①针对坍塌 在山体中插入预制支撑杆，加固山体以防止塌陷发生；在山体表面铺设土工网格，稳定山坡；加强植物种植，从根本上减少水土流失；建设坡道排水体系，使水流及时排走，防止暴雨时排水不利对建筑的威胁，并结合排水体系设置

雨水收集点，储存雨水用于灌溉、街道洒水等。

② 针对潮湿、通风差　每孔窑洞上开挖通风口与外界相连，使空气能够对流，提高室内空气质量，减少潮湿，并且通风口可依天气状况调整，随时打开或关闭；窑洞周围山体中设置的土工网格、排水暗沟中的土工布的吸水作用减少了窑洞周边土壤的潮湿度，从而使渗入窑洞中的水大大减少。

③ 针对采光差　每孔窑洞上开挖的通风口中布置光导纤维，上部集光器可吸收太阳能，通过光纤传导束将阳光传入室内，解决了白天阳光不能照到后部的问题。

④ 针对道路状况差　完善村内的道路体系，依据建筑分布及地形变化设置便于行走的坡道。坡道就地取材，主要用黄土及石块建筑，形成系统、完善、交通便利且与环境和谐的坡道体系。

⑤ 针对公共空间缺乏　在每个居住组团中设置公共活动空间，并通过道路使这些空间相连，形成村内的公共空间体系，为村民提供活动场所，加强村民之间的联系交流。

⑥ 针对景观效果差　在土工网格稳固山坡、保持水土的基础上，加强植物种植，提高植物覆盖度，并且将农业耕作与景观结合，使家家户户门前、屋顶上种植的花果蔬菜都成为村落整体景观的一部分。

⑦ 针对社区体系不完善　将村内部分窑洞建设成幼儿园、商铺、诊所等，并在西、中、东形成3处商业街，村民沿街出售各种物品，满足村民买卖的需求，同时也吸引外来游客（图3-25）。

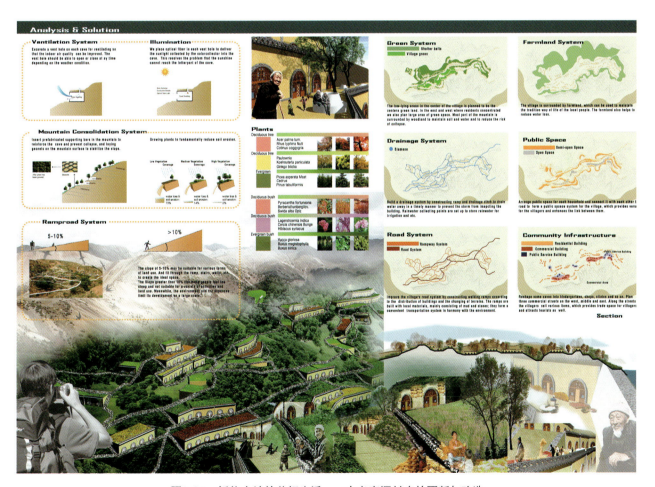

图3-25　皈依大地的美好生活——古老窑洞村庄的更新与改造

3.3 中国风景园林学会年会大学生设计竞赛获奖代表作品分析

3.3.1 2009年中国风景园林学会大学生设计竞赛一等奖作品分析

《城市边缘的绿色脉络》
学校：西安建筑科技大学艺术学院
作者：张斌、郭玉京、何欣
指导教师：王葆华、杨豪中、徐娅

山西是煤炭盛产地，在能源产出的同时也对自然生态造成破坏。植被破坏、农田贫瘠、河流干涸，空气中浮尘弥漫、天气阴沉、气候干燥。人类在进步的同时应顾及"牺牲者"的生存与发展。设计者选择这一课题的目的是想通过"设计语言"反映矿区城市的痛，希望通过设计推进矿区城市的生态恢复（图3-26）。

生态恢复是当今人类应该关注的问题。作为风景园林设计规划人员，更是解决"天—地—人"关系、使人与自然和谐相处的积极驱动者。生态恢复只是其中的一个点，当然也是最重要最根本的部分。在生态系统健全的前提下，才能够真正满足人类对"美"的需求。站在高处，从整体上看待问题。

设计者起初的想法是对废弃矿区进行再利用：划坑为湖、矿道空间的改造利用等，直至这个方向越想越狭窄以至终止。从中得出结论：这种局限性的想法是强加给自然的，无法从根本上解决生态恢复、矿区和城市以及人与自然的关系，理应站在高处，从整体上对待这个问题。

通过实地调研山西省太原市城市边缘和陕西省铜川市废弃煤矿，进行比较分析，作品最终以"城市边缘的绿色脉络"为题展开思考和设计。在整个过程中翻阅了有关生态、矿区、城市发展、城市边缘、废弃地修复等方面的书籍，拓展了知识面；掌握了宏观看待、研究问题的方法，也更清楚地认识到风景园林设计规划人员的"责任和使命"（图3-27）。

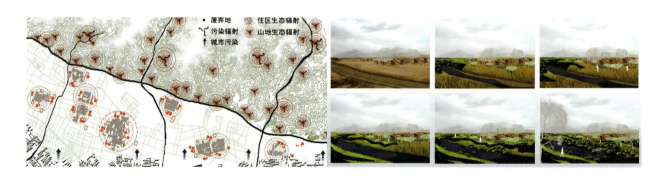

图3-26 绿脉·交融·共长——概念图解

图3-27 山地与废弃地修复图解

3.3.2 2011年中国风景园林学会大学生设计竞赛本科生组一等奖作品分析

《缝合——城市公园综合体》

学校：重庆大学建筑城规学院

作者：祁祎、熊锐

指导教师：刘骏

(1) 总述

此作品关注景观与都市发展的关系，将景观引入城市的同时也使城市的功能扩展融入周围的景观。基于对"借"的思考，本案致力于生态缝合及功能和事件的重组。打通生态廊道，建立生态网络；同时创造富有弹性的水平表面，允许具有行为表述性的社会模式和社会群体以临时的、突发的、相当重要的方式占据这些表面，重组活动与事件。

(2) 城市蔓延的痛

场地位于重庆照母山森林公园与重庆两江新区城市商务核心区的交界处，城市功能复杂多样，与绿地关系紧张。城市的无序蔓延破坏了既有的生态骨架，打断了原有的生态廊道，严重影响了其他物种的活动与生存环境。场地是森林入城生态廊道的重要门户，是系统化组织城市内部零散生态斑块的重要节点；也是嘉陵江分支上的重要节点，是由照母山源头汇入嘉陵江的重要支流，流经地块受城市污水等影响，水质渐差。场地具有很高的生态敏感性，是城市重要的生态节点。同时场地内外的公共生活被交通干线阻隔，可达性较差，场地与周边建筑的尺度过于庞大，现存的景观设施没有为人类行为活动创造适宜的空间尺度。

(3) 巧于因借的缝合策略

用缝合的方法将被城市打断的生态廊道连接

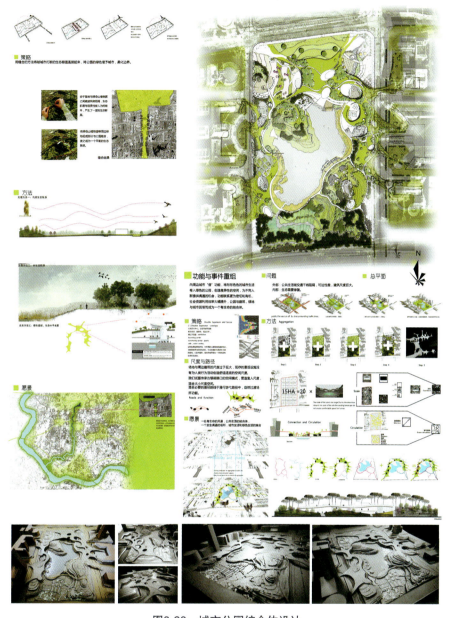

图3-28 城市公园综合体设计

起来，将公园的绿色借予城市，柔化边界，改善生态阻断，建立生态网络。同时向周边城市"借"功能，缝合城市与公园，将形形色色的城市生活植入绿色的公园，创造差异性的空间，为不同人群提供偶遇的机会，功能联系更为密切和有机，社会资源利用效率大幅提升，公园与建筑、绿地与城市因"借"而成为一个有生命的结合体（图3-28）。

3.3.3 2011年中国风景园林学会大学生设计竞赛研究生组一等奖作品分析

《就山·救山 C+C 策略——北京市南窖乡花港村矿山采掘业转型期景观设计探究》

学校：北京林业大学园林学院

作者：朱晗、陈如一、谭喆、王顺达、任维

指导教师：王向荣、张晋石、刘志成

(1) 关注人类心灵的设计

著名建筑大师弗兰克·劳埃德·莱特曾经说过这样一句话："建筑师是大地、空气、火、光和水等元素的主人，空间、位移和引力是他的调色板，太阳是他的画笔，他关注的是人类的心灵。"这句话不仅适用于建筑，同样适用于风景园林规划设计。因为，作品唯有倾入设计者的情感，引起欣赏者的共鸣，才能变得鲜活。

随着人类对"生态"关注度的提高，棕地复绿、生态修复成为风景园林规划设计学科的热点，北京市南窖乡花港村，这个以采煤为主要经济来源的村落在新形势下开始寻求转型。生态修复，毫无疑问是村落转型的根本手段，然而，这个冰冷的技术性词汇似乎并没有任何的感情色彩，如果单单从技术层面上来深入设计，显然是单薄的。采矿业对生态造成的巨大破坏使得当地人居环境急剧恶化，越来越多的村民开始离开自己的村庄。一个充满人情味的问句随之浮现：污浊的空气、苍白的山体，如何能挽留住逐渐冷漠的人心？

(2) 就山救山，从中国古典园林中得来的启发

园林是人类追求理想人居环境的产物，"诗意的栖居"是中国古代造园者的最终向往，而这，与通过改善人居环境重现村庄繁荣的理念不谋而合。

巧于因借，从表层上理解，可以是因山借势，创造良好的景观，也可是借当地材料来塑造精致的景点。既然借天时地利可行，借"人和"是否也可行呢？传统园林因借的对象都是自然界的客观物体或者现象，针对村民对村庄逐渐冷漠这一问题，考虑到了一种新的"借"，即"借人"。通过景观设计与建造过程中人的参与，以及建成后景观与人的互动，使设计符合人的心理需求和活动需要，从而营造让人们有认同感与归属感的家园景观。简而言之，就是通过"就山"这一途径达到"救山"这一目的，在过程中强调公众参与与人文关怀（图3-29 至图3-31）。

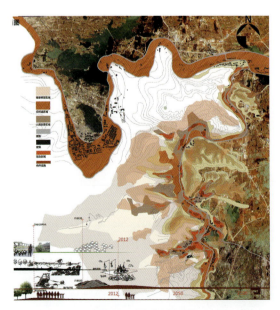

图3-29　设计总平面

图3-30　北京市南窖乡花港村矿山采掘业转型期景观设计概念图解分析

图3-31 北京市南窖乡花港村矿山采掘业转型期景观设计

(3) 关于风景园林规划设计的一些思考

随着物质文明的繁荣，人类将会更为渴切的寻求精神食粮，而精神生活是需要被设计的，风景园林规划正承载着这一重任。在面对强大的人类智慧之时，任何技术性的问题最终都会被解决，然而最难以把握的，却是人心。所以，景观设计应该更多地关注与人相关的社会问题。当设计关乎于对自然与人类的爱时，作品才能打动人心。

3.3.4 2013年中国风景园林学会大学生设计竞赛本科生组一等奖作品分析

《逃离视线监狱》
学　校：山东建筑大学建筑城规学院
作　者：孙海燕、刘嘉、冯姿霖、刘子仪、孙小力
指导教师：任震、王洁宁

(1) 总述

随着中国社会经济的发展，城镇化不断加速，CBD的密集仿佛代表着城市的经济发展水平。在城市区域中央商务地带，人们困于拥挤、高压力的室外环境中。高密度的摄像头、人与人之间的陌生尴尬的现实，破坏了原本和谐、生态的人文空间。

(2) STEP 1　洞悉背景

城市CBD中的室外小空间往往作为人们交通穿行和消防疏散的通道，也正因为如此，使得人们的所有行为暴露于高密度的视线网之下。当人处在四周环绕高楼的小场地时，来自建筑方向的视线、人们的视线、摄像头下监视的视线等，构成了人们生活的囚笼。在这样的环境中，快节奏生活的人们内心得不到温暖，隐私得不到保护。这种充斥着压抑感的视觉环境被称为视线监狱。

(3) STEP 2　目标锁定

在城市总体发展的现状之下，各个区域的发展也是不均衡的。从城市环境整体来看，二线城市占到了全国城市总体的75%，远远高于其他两类城市。对于正在发展中的二线城市来说，CBD是一种新兴区域。较一线城市CBD来说，二线城市的CBD区域个体相对较小，在城市中分布更为零散，周边环境更为杂乱，会遇到更多发展问题，总体来说较为不成熟。较三线城市CBD来说，又更加有活力，在城市中具有更高的地位。因此，本作品将研究对象定位为二线城市的CBD区域。

(4) STEP 3　场地模型抽离

为了解决这一普遍存在的问题，采用一种具有普适性的方案模式，将各个CBD区域的共同特征进行总结，抽离出具有代表性的"基地模型"（图3-32）。

(5) STEP 4　视觉监狱破除法

针对"视线监狱"，提出了4种手法并极端化地生成了4个概念方向：

①切断　层叠处理，逐层切断视线干扰。
②聚焦　重组视线方向，创造新的视线焦点。
③反射　改变视线方向，模糊视觉中心。
④变性　变更视线性质，创造友好视线代替冷漠视线（图3-33）。

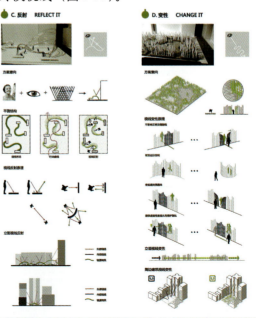

图3-32　场地模型抽离分析

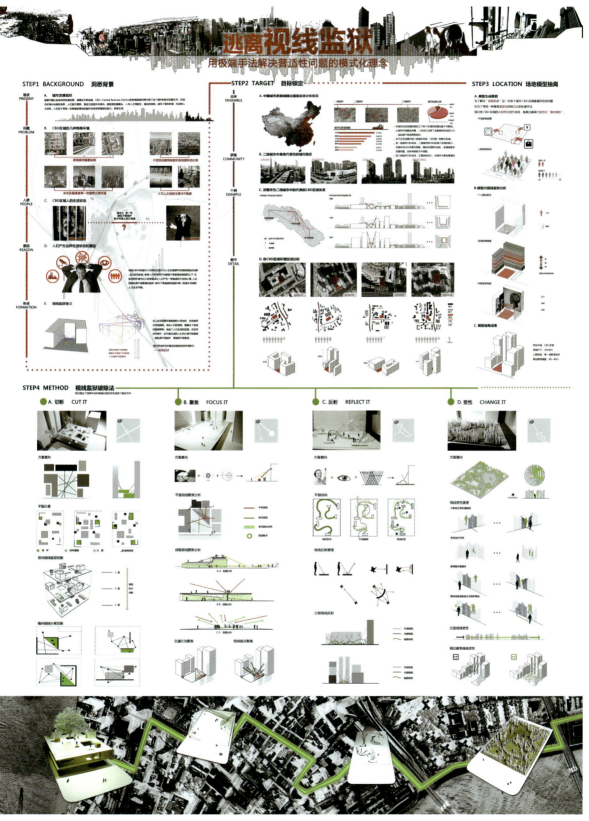

图3-33 逃离视线监狱设计

3.3.5　2013年中国风景园林学会大学生设计竞赛研究生组一等奖作品分析

《璎珞——穿越时空的体验》

学校：华中农业大学园艺林学学院

作者：赵烨、刘晓彤、张天骋、杨叠川、邓鑫桂

指导教师：高翅

湖北省随州叶家山墓葬遗址是2011年十大考古发现之一，出土的编钟据考证比曾侯乙墓出土的编钟还早500年（西周早期）。本方案期望从整体出发保护与利用叶家山遗址片区。

(1)运用风景园林策略解决遗址形态孤立的矛盾，促进遗产、环境和社会和谐发展

针对孤立的遗产形态和特定的墓葬遗址氛围，规划建设集历史、考古、游憩、科普功能于一体的空间与环境，创造穿越时空的游赏体验与文化感怀，增强居民的参与性和文化认同感，并以此带动区域内旅游业发展，"活化"遗产。

(2)立意和表达

"璎珞"的概念既赋予了对基址整体保护的思路，又彰显了其所蕴含的连接和美好的意向。随州市的历史遗存丰富，且大多沿水系分布。首先在市域范围内构建随州河道遗产廊道，叶家山遗址片区作为遗产廊道的重要节点，通过历史遗产的活化保存，旨在将村落、叶家山墓葬遗址、新石器时期的西花园、西周早期的庙台子等遗址点联系起来整体保护。核心保护带连接了6个村落，其中3个村落有重要的历史遗存，通过对遗址点的保护和居民点关系的协调，设计体验式空间促进居民集体记忆，增强文化认同感。设计的重点"倾铜仙乐"占地约2hm²，是叶家山墓葬核

图3-34　风景园林策略的立意表达分析

心区，通过编钟演奏、编钟声波的可视化体验、触控墙体倾听古乐、多种形式的"城墙"展示等方式，一起获得穿越时空的体验，建立人与基址的互动关系，使人真切地感受到穿越时空的氛围。真正做到在延续历史文脉的基础上，对遗址合理地保护和利用，为周边村落带来活力，为随州的历史文化名城保护提供可行的思路（图3-34、图3-35）。

图3-35　璎珞——穿越时空的体验设计

3.3.6　2014年中国风景园林学会大学生设计竞赛本科生组一等奖作品分析

《明日落脚城市——景观基础设施引导广州城中村落再生》

学校：华南理工大学建筑学院、华南农业大学林学与风景园林学院

作者：刁荆石、陆诗蕾、谢燮、仇普钊

指导教师：林广思、张文英

(1)总述

在中国城镇化及人口大迁徙背景下，城中村落的形成与生存引发了一系列社区、生态难题，并一直广受关注。本方案以广州市典型的城中村落——岑村为研究对象，在人文关怀的视角下，整合城中村落、废弃机场、耕地及火炉山森林公园，并以水系统为核心构建多重尺度的景观基础设施，期待解决岑村地区环境恶化、社区衰败以及被城市主体边缘化的问题。希望营造一个公平的、健康的城市开放空间，为岑村居民与广州市民所共享，从而激发城中村落的再生。

(2)城镇化背景下的城中村落

作为广州市规模巨大的城中村落，岑村地区距离城市中心区仅3.5km。在人口大迁徙背景下，岑村廉价的住房满足了外来务工人员的需求，因此大量外来人口租住岑村。自此，岑村地区建筑面积扩大，田地林地被侵占，生态环境恶化，逐渐沦为了城市的边缘。如今，其34.5hm^{2}的社区内居住着约40 000流动人口和4000本地人口，成为广州市乃至中国典型的"落脚城市"。

在岑村西南部，一个军用机场横穿岑村。在广州市高速城镇化背景下，机场阻隔了岑村与城市中心区的联系，很大程度上阻碍了岑村获取发展机遇，难以完成城镇化。然而，近年岑村机场使用率逐步下降，即将废弃。

通过实地调研，发现岑村地区的困境体现在3个方面：环境、社区及城市定位。同时，由于岑村地区位于汇水区，丰富的水资源成为岑村地区的发展优势。更重要的是，当岑村机场废弃后，其释放出的开放空间为岑村地区的发展提供了新的机遇。

(3)景观基础设施引导城中村落再生

本方案通过引入景观基础设施，让自然做功，分步解决岑村地区的难题。这些景观系统由水系统、生态廊道、城市自然保留地及社区活动区共同构建（图3-36）。

①水系统　是景观系统的核心。华南地区素来多雨，岑村地区又位于汇水区，因此，雨涝是困扰岑村许久的棘手问题。2km长的机场跑道为解决雨涝问题提供了新的机遇。在蓄洪排涝的同时，水系统净化雨水，为"落脚城市"的居民提供一系列雨水景观，形成具有弹性的社区活动空间。

②生态廊道　连接岑村地区北部森林公园、中部机场及南部河流，为森林公园中丰富的动物提供迁徙的通道，从而促进岑村地区生态环境的恢复，使其成为广州市东部的生态绿心。

③城市自然保留地　通过减少人为干预及营造湿地塑造的城市自然保留地，能容纳岑村地区未来的发展。混凝土跑道在未来开发中仍有使用价值，因此，混凝土跑道将被保留，同时有效减少

图3-36　景观基础设施图解分析

了工程量。

④社区活动区 展示了人的活动与自然周期变化间的耦合。广州气候炎热，在雨季，岑村社区前扩大的水面加强了热压通风效果，可改善岑村社区内部的通风状况，并使社区活动区温度降低；而在寒冷的旱季，水面缩小，留出了更大面积的硬质广场，为居民提供沐浴阳光的空间（图3-37）。

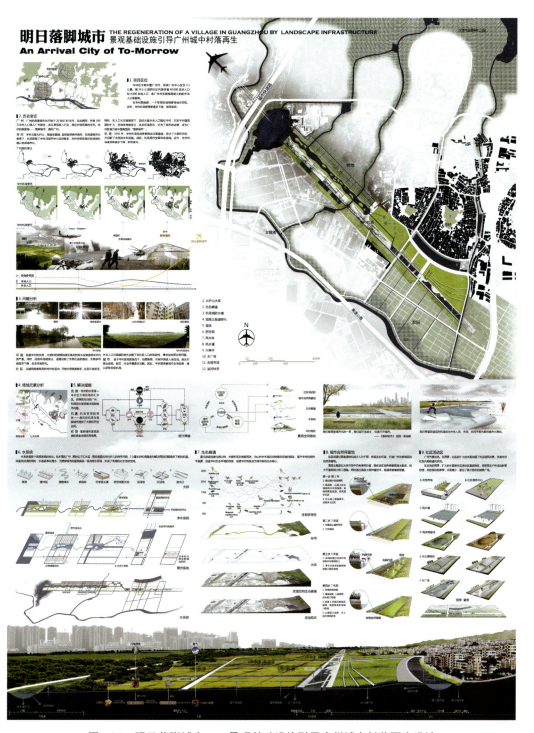

图3-37　明日落脚城市——景观基础设施引导广州城市村落再生设计

(4)思考与感悟

以 2014 中国风景园林学会大学生设计竞赛为契机，在加拿大作家道格·桑德斯著作《落脚城市》（Arrival City）的启迪下，收获了一次探讨城中村落这一中国本土"落脚城市"的宝贵机会。风景园林有能力积极介入城镇化进程，引领城市迈向一个公平的、健康的未来。

3.4 "园冶杯"大学生国际竞赛获奖代表作品分析

3.4.1 2010年"园冶杯"大学生国际竞赛设计作品组一等奖作品分析

《"绿色渗透"——后世博》（2010 年）

学　校：中央美术学院建筑学院

作　者：成旺蛰

指导老师：丁圆

(1)设计背景

人类经历了 300 多年的城市化过程，城市一步步向自然渗透，城市面积越来越大，自然却渐渐退去。城市化确实为我们带来巨大的益处，带动农村发展，改善地区产业结构，推进科技进步，提高区域整体发展水平，提高人们的生活水平。但同时，城市化也带来环境污染、拥堵等一系列问题。

上海世博会这片寸金寸土的土地，会后必将遭遇城市化浪潮，在这片土地上积累的百年工业文化价值和世博文明都将荡然无存。在反思城市化带来一系列问题的国际背景下，在中国当下的环境现状下，在城市如火如荼的土地建设中，世博园会后将如何交出满意的答卷？

据上海世博会官方统计，日均游览人数早已超过 30 万人，世博园内一派欣欣向荣、人山人海的景象。6 个月展期结束后，掀起这层繁荣的外表，$5.28 \times 10^4 km^2$ 的世博园面临众多的现实问题：200 多个展馆，大部分展馆将被拆除，产生的建筑垃圾和材料如何高效低碳地回收利用（展览期间每天平均产生 700t 垃圾）；占园区近 1/5 的硬质铺地会后又该如何处理？

(2)设计策略

在河流的入海口，河流带来的大量泥沙，由于冲击力的作用不断地扩张着河床的面积，慢慢形成广阔的冲积平原。人类的城市化进程如同这河流冲击形成的平原一样不断地扩张，不断侵蚀着自然绿色，冲积平原面积越来越大，城市面积越来越广（图 3-38 至图 3-41）。

浦西的 3 座船坞地处上海城市化的包围中，按照上海近几年城市化速度，在短短几年时间内，3 座船坞将会被滔滔的城市波浪吞噬。记载在这片土地上的百年工业文化将被冲洗掉，这片土地历史将荡然无存。在土地文化价值延续的态度下，在思考中国城市化问题的背景下，在"低碳"践行的上海未来发展趋势下，我们反对这种变化。

在内陆河流的入海口，淡水的冲击力会遇到来自海水的反渗透力。海水的渗透力能够分解和打乱来自淡水的冲击力，河流淡水带来的大量泥沙也被堆积成块斑状岛屿。海水由于潮汐作用渗透力变得很大，海水开始渗透到河流当中。原本属于陆地的河床被海水逐渐渗透。海平面不断上升。

海水继续向河流内部渗透，这种海水渗透的变化逐渐改变了河道走向和河道宽幅。渗透力不断分解着河流冲击形成的平原，河流的冲击力得到有效的制约和平衡。

在浦西唯一可以依托力量是黄浦江——这条不自然的"自然"水系。黄浦江线性硬质的驳岸很清晰地区分了城市与江面，冰冷又不自然。两股力量首先在滨水岸线交锋，单一直线被变化成多样的曲线。多样曲线可以形成水流的多样性。城市携带的泥沙（建筑废料、硬质铺地）与江水携带的绿色（乔灌木、草地、水生植物、湿地等）相遇。绿色的渗透力加大，河流形成的冲积平原（城市中的硬质广场）被绿色力量分解成成块的山体（建筑废料构筑山）。船坞这片土地由于有着浓厚的历史积淀，而形成工业价值深厚的岩石，遇到两股力量作

图3-38 设计策略分析（1）

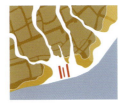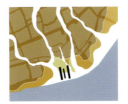

图3-39 设计策略分析（2）

图3-40 设计策略分析（3）

图3-41 设计策略分析（4）

用时，犹如海洋中的礁岛安然不动，形成"孤岛"。自然绿色的渗透力仍然继续着，整个浦西世博园土地已被全部分解和渗透，绿色渗透带来的不仅仅是概念，被切割的建筑废料山在植物和微生物降解后将被重新利用，山体将变成植物群落和绿地。

真正进入城市，绿色的渗透力需要人工拉动和牵引，以平衡城市化的力量，同时让城市内更加自然。浦西世博园区在渗透过程中形成了新的景观格局。对冲击岛进行整理和切分，规整道路，形成景观概念底图。增加一条自行车道贯穿整个船坞和基地，同时也把黄浦江沿岸的景观联系起来。

船坞是建造和维修舰船的摇篮，她是中国近现代工业的母亲，生产和孕育是她的本能，她的未来应继续发挥她的本能与活力——生产绿色，孕育自然，播撒绿色的种子，将绿色播撒到黄浦江，自成小生态系统，将绿色彻底渗透到城市中。

(3) 结语

通过绿色对建筑废料的渗透、浮岛生态链的建立，逐步建立起绿色自然的黄浦江绿岸，再反补城市的自然，将绿色渗透到底（图3-42、图3-43）。

绿色渗透
GREEN INFILTRATION

Natural infiltration, natural anti-intervention. To return to the city waterfront, the green back to the people naturally and gradually establish a healthy ecosystem of the Huangpu River, the real practice the concept of carbon in 2010.

课题背景：
Subject background

2010上海世博会已经开幕。本届世博会的主题是"城市，让生活更美好"。那么，世博会将给这个城市留下什么呢？谢幕后的世博场馆、设施将何去何从呢？显然，能否做到对世博场馆、设施的可持续利用，将是衡量世博会是否真正成功的一个重要因素。

世博园区5.28km2土地上共建设了230万m2建筑，其中有1/6是旧建筑整修及再利用，一部分建筑将被永久保留。可持续发展理念的研究"后世博"的再利用课题是本次毕业设计的主题，以"后世博"为切入点，我们的观点可以是全方位的:

"世博会"是城市的负担?
"后世博"是城市空间的再开发?
向"世博会"学习?
"后世博"要保留新的"万国建筑博览会"?
"后世博"的再回收（土地、建筑、材料）如何展开?
……

围绕着"后世博"的思考,我们的研究对象可以是世博园区的场地、建筑、公园或某些局部,我们的手法可以是拆、留、移或改造……我们的努力为的了让"后世博"的城市很和谐,让"后世博"的生活很美好。

"后世博"首先是一个时间的概念,也可以是一个关城市可持续发展的理念,也可以是发生在某个建筑上的一个事件,也可能是曾经的一个"反思"。

2010 Shanghai World Expo has opened, the theme of this Expo is "Better City, Better Life." That Why, the Expo will give the city left behind? Curtain call after the World Expo venues and facilities will happen to it? Obvious However, whether done on the Expo venue, the sustainable use of facilities, will be the measure of the success of the Expo is really a An important factor.

Expo Site 5.28km2 land built 2.3 million m2 of building, of which 1 / 6 of a old building renovated and re-Lee Use part of the building will be permanently retained. To study the concept of sustainable development "after the Expo," the re-useissues Is the subject of this graduation project. "Post-World Expo" as the entry point, we can view a full range of:
"Expo" is the city's burden?
"After the World Expo" is the re-development of urban space?
To the "Expo" to learn?
"After the Expo," to keep the new "International Architecture Exhibition"?
"After the World Expo" in recycling (land, building, materials) How to start?

Focus on the "Post Expo," thinking, our study can be Expo Park venues, buildings, parks Or some local, our approach can be split, stay, move or modified ...... our efforts is to allow "future generations Bo "City, life is very harmonious." after the Expo, "life is beautiful.

"Post Expo" The first is a concept of time can also be a relevant concept of sustainable urban development, but also Can occur in a building on an event, the Expo will also be a "reflection" …… ...

项目区位：
Project location

中国2010年上海世界博览会（Expo 2010），是第41届世界博览会。于2010年5月1日至10月31日期间，在中国上海市举行。此次世博会也是由中华始办的首届世界博览会。上海世博会以"城市，让生活更美好"（Better City, Better Life）为主题，总投资达450亿人民币，创造了世界博览会史上最大规模纪录。

China 2010 Shanghai World Expo (Expo 2010), is the 41st World Expo. In May 1, 2010 to Oct. 31 period, was held in Shanghai, China. The Expo is also the The first world exposition held in China. Shanghai World Expo will be "Better City, Better Life"(Better City, Better Life) theme, with a total investment of 45 billion yuan, creating the World Expo is the largest ever world record.

世博会场包括浦西部分和浦东部分，浦西部分跨越了卢湾区和黄浦区，浦东部分处于浦东新区。世博园区横跨黄浦江，西接老上海，东接新上海，一边是历史积淀下来的带有传统老上海气质的旧城，一边是改革开放的先锋区域。产生了2种城市肌理的碰撞，更利于其本身的吸收和发展。

Part of the Expo site in Puxi and Pudong, including part of Puxi part of the Luwan District and across the Huangpu District, Pudong section In the Pudong New Area. Expo area across the Huangpu River, west of Old Shanghai, east New Shanghai, side are the calendar With the accumulated history of the traditional qualities of the old city of old Shanghai, while urban development, a pioneer in reform and opening up Area. Produced two kinds of urban texture of the collision, but also conducive to the absorption and development of its own.

基地选择：
Base selection

基地位于B区企业馆南侧，北到龙华东路，南到黄浦江，东接西藏南路，西侧为江南造船厂旧址。基地247公顷，世博会期间作为大型人流集散广场，博览广场和船坞广场，规划总面积为24公顷，重点景观设计4.5公顷。

Area D company besed in the south hall, north to Long East Road, south of the Huangpu River, east of Tibet Road, west Jiangnan Shipyard dock site location.As a large crowd during the World Expo Plaza distribution. Bo Plaza Square and experience the view. Planning area is 24 hectares.Focus on landscape design for the 4.5 ha.

规划面积为24万公顷，重点景观区域设计为4.5公顷，其中船坞面积为21580m²。

Planning area of 240,000 hectares, focusing on landscape design for the 4.5 ha area. One dock at total area of 21,580 square meters.

城市化思考：
City of thinking

概念演绎：
The concept of interpretation

鸟瞰效果图
Effect Picture

图3-42 绿色渗透——后世博（1）

图3-43 绿色渗透——后世博（2）

3.4.2 "园冶杯"大学生国际竞赛规划设计论文组一等奖、规划设计论文一等奖作品分析

《扬州瘦西湖文化景观遗产清单研究及瘦西湖遗产景观修复设计》(2010年)

学校：同济大学建筑与城市规划学院

作者：李辰、杨曦、缪凌琰、张轶佳、马芳、石晶晶、许吴彬、黄俊彪、吴津锋

指导教师：韩锋

(1) 设计说明

2006年12月，"瘦西湖及扬州历史城区"进入中国世界文化遗产预备名单重设目录，扬州瘦西湖申报世界遗产工作已经提上议事日程。本次设计的主题是扬州瘦西湖文化景观遗产清单研究。课题旨在对扬州瘦西湖遗产现状展开调查研究并作出特性评价。设计分为两个阶段：第一阶段对瘦西湖作出分要素的景观特性评价；第二阶段对瘦西湖作出分区的遗产景观修复设计。

(2) 区位分析

① 地理区位——交通要冲，军事要塞　扬州为中国古代九州之一，扬州市现辖广陵、维扬、邗江3个区和宝应1个县，全市总面积6634km²，地处江、淮、湖、海之间，位于中国东隅、江淮平原南部。属于北亚热带气候区，雨水丰沛，四季分明。

② 文化历史——大起大落，迷楼与芜城　优越的地理位置和便利的交通条件使扬州成为我国较早开展对外贸易和国际交往的城市之一。自古以来，扬州作为一个文化重镇，辐射出巨大的文化能量。

③ 扬州园林——南北介体，明秀雄健　扬州园林成为南北园林的介体，于雄伟中寓明秀，颇得健雅之致。同时，扬州园林又有作为"交际场所"这一特殊功能。

(3) 瘦西湖景观要素特性调研——两岸花柳全依水，一路楼台直到山

分要素的景观特性评价，首先在文献中了解各景观元素风格特征；接着在现场，对经典片段与典型组景模式的片段逐一录入；之后，对现场数据进行整理分析、分类统计，找出经典片段、组景模式的典型做法；最后，选取经典片段予以保留，对不佳片段，给出典型模式的组景建议。

① 建筑及视线控制要素

整体布局：瘦西湖沿岸整体文化景观空间，是典型的集锦式布局。

经营位置：沿岸建筑构成"十余家之园亭，合而为一，联络至山，气势俱贯"的景观妙造；两岸众多的私家园林均以湖面为中心，呈现出交相辉映的外向景观特征。

组团结构：瘦西湖建筑集群的建构模式概括为4类：围合结构、线性结构、中心结构以及复合型嵌套结构。

② 水体要素

空间序列：整个景区有如章回小说的铺展，又如一轴立体的国画长卷渐舒，更似一支旋律起伏的筝曲。从天宁寺前御马头至西园曲水一段为全景序幕，大虹桥至四桥烟雨一段安排长堤春柳，逐步将游人引入高潮（图3-44）。

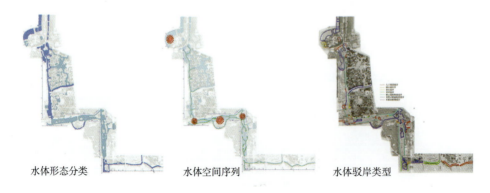

水体形态分类　　水体空间序列　　水体驳岸类型

图3-44　水系统分析

③山石要素——扬州以叠石胜

正面特征：黄石叠山技法独树一帜；善于利用地形；巧于整合碎小石块；经典片段保存或修复完好，并反复重现；游览上，山石格局张弛有度。

负面特征：目前湖石居多，未突出扬州风格；点石较为随意，缺乏章法；反复利用叠石作花坛挡土墙，缺乏依据；新建山石用料过于庞大、笨重；部分山石与其他元素组合关系不佳，如与标识系统冲突；许多太湖石不能体现玲珑的特征（图3-45至图3-47）。

典型组景模式：土石相接；黄石作桥墩；壁岩；池山；包镶技法；藏源。

④植物要素

整体特征：植物配置应与瘦西湖形成起承转合的赏景线路。基地内的植被类型为亚热带落叶阔叶混交林和常绿阔叶混交林，植物种类较为丰富。

分类布局：垂直层次上，上层大乔木多为落叶植物，下层小乔灌木多为常绿植物。平面上来说，沿湖两带桃柳间植，多为落叶植物。瘦西湖垂柳、桃的布局与水的关系最为明显。一株桃树一株柳的种植模式沿湖岸贯穿始终。

⑤道路要素

典型做法：道路沿湖而建，水上游线是瘦西湖游览系统的一大特色，使游人能体验到古人生活游览的意境，与现实生活中的繁忙相对，让游人体验到不一样的生活状态。

⑥非物质要素——旧貌不存 首先，在明清时期，瘦西湖不仅是贵族所用，对于城市中的小康市民阶层，也是可以享受休闲的场所；其次，没有经典的扬州园林就没有瘦西湖的盛名，瘦西湖中的园林之盛与苏州园林不同，这些园林游人是可以进入的。

现在，瘦西湖整体上还是沉浸在扬州文化中，其不同于杭州以真山真水形成的大型自然园林，同时也不同于苏州闭门自赏的士大夫园林，它是从虹桥开始至平山堂下的，从世俗文化至典雅文化的过渡与交融。

(4)修复设计

①平山揽胜景区 将历史文献的相关描述和各景观元素调查研究成果，进行对照研究，分析平山堂景区在建设和保护过程中的得失，识别对瘦西湖整体、平山堂局部的景观特性作出贡献和破坏的要素，进行保护建议和修复设计（图3-48）。

②石壁流淙景区 石壁流淙景区修复设计基于基地本身特质，将其定位为扬州瘦西湖文化带上的盐商文化集中展示区，旨在强化其遗产地精神的同时植入新的功能，使其具有生命力（图3-49）。

③卷石洞天景区 "虹桥修禊"是扬州文化史上的一大盛事，无论是规模还是效果都是相当可观的。在修复设计时，将该景点作为文化沙龙、书画会的载体，使之在现代环境中，传承当年文化内涵，并注入新的活力（图3-50）。

④荷浦薰风景区 长堤春柳、徐园、春波桥以游赏为主，游客量大，但少有停留活动，以动为主。叶林以晨练活动为主，当地人使用多，多为中老年人使用，活动时间多集中在上午。游乐场、盆景园、净香园大门处鲜有游人，游乐场内有晨练活动。

设计时重点考虑原真性。强调保护修复与发展并重，在传统风俗和当代时尚的考察分析比对中，把握当代人的生活动向和需求，来完成历史地段场景化、兼容现代生活内容的"修景"式设计（图3-51）。

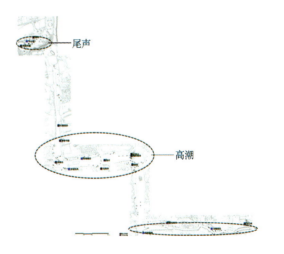

图3-45 山石分布——总体分散，局部集中

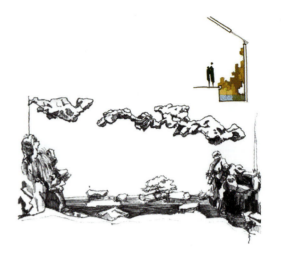

图3-46　经典片段——卷石洞天　　　　图3-47　经典片段——群玉山房碧岩

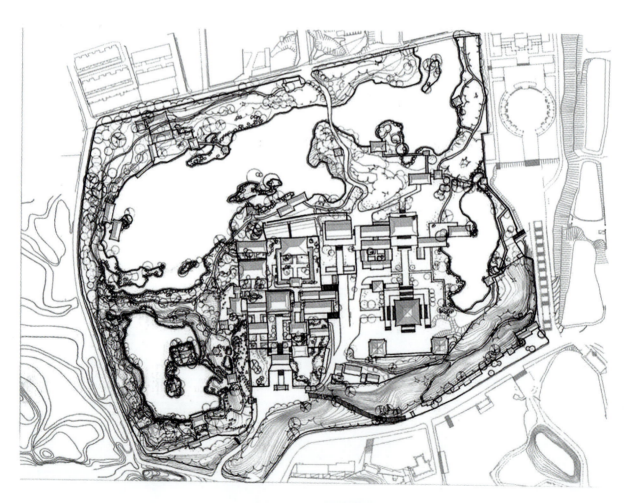

图3-48　平山揽胜景区

第 3 章 设计竞赛获奖作品分析

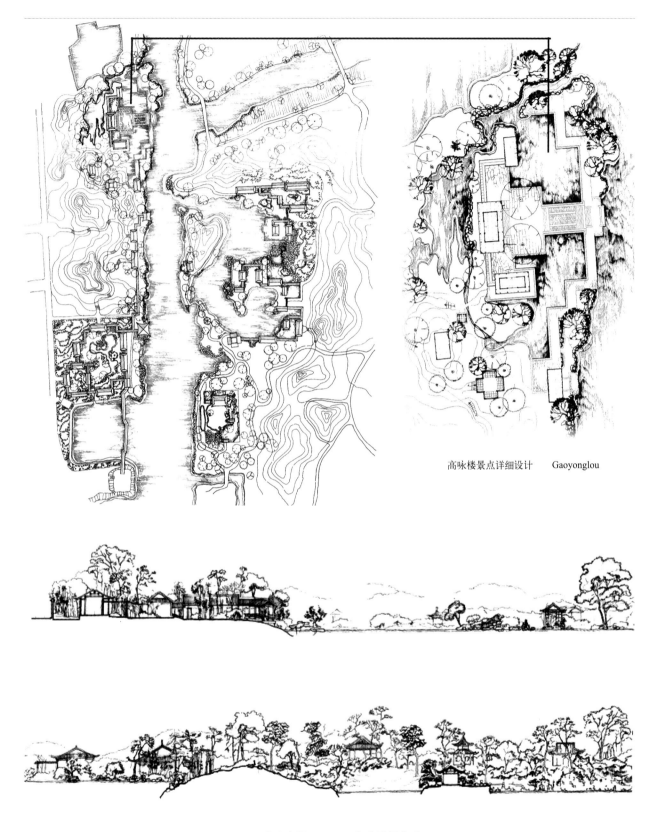

高咏楼景点详细设计　　Gaoyonglou

图3-49　石壁流浣景区平面及高咏楼景点详细平面

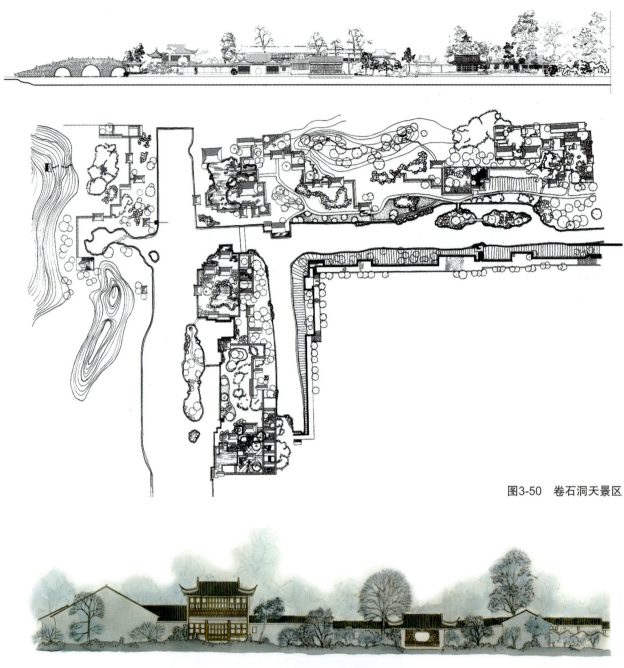

图3-50 卷石洞天景区

图3-51 河浦薰风景区

3.4.3 "园冶杯"大学生国际竞赛设计作品组一等奖作品分析

《校园三部曲——我的大学》（2011年）
学校：苏州科技学院建筑与城市规划学院
作者：黄龙燕、吕杰、蒋国珍
指导教师：刘志强、王丽萍

(1)背景

全球信息时代的到来及我国经济开发的加速为高等教育的发展提供了空前的机遇，也引发了高校校园建设的高潮。然而在这个过程中，校园景观规划设计产生了很多问题：

①大学校园景观千篇一律、缺乏特色；
②大学校园外部活动空间形式单一、缺乏功能；
③大学校园缺乏人文精神和文化内涵。

解决大学校园建设的这三大问题，是本次规划设计的重点。

(2)项目区位

①新校区地块依托于苏州，有着良好的文化底蕴和人文气息；
②国际教育园区南北向轴线穿过新校区地块，具有良好的空间轴线优势；
③新校区一期工程建成的东西向景观轴线对二期景观工程的规划设计起着至关重要的作用。

(3)基地现状分析

①基地所处位置交通便利，为景观规划设计提供了一定的物质基础；
②地块内的师陶园及九曲桥体现了校园的文化底蕴，应予以保留和更新；
③地块内局部为死水，且水质较差，亲水活动空间较少。

(4)概念演绎

正如高尔基的人生三部曲一样，大学景观设计是一首由"特色的景观、丰富的活动场地、深厚的文化底蕴"构成的一首人生之曲，即校园三部曲。

①迈进校园——特色的景观——景观空间的冲击　根据基地和周边环境的关系分析初步形成一条"两轴一脉"的景观结构特色，通过水、景观、空间三步曲营造有特色的景观空间。

②融入校园——丰富的活动场地——炫彩多姿的校园活动　通过空间性质的置换，形成各种用途的空间；通过空间的缩放，创造形状、规模不同的空间；通过空间的穿插，使空间与空间交错联系。

③走出校园——深厚的文化底蕴——回忆空间的营造　对老校区的文化采取保留和改造，新校区创造出记忆的空间，如毕业生纪念林。将传统文化通过合理的手段演绎到现代文化中，创造别具一格的校园文化（图3-52）。

(5)概念生成

①苏州科技学院新校区景观设计一期工程已经建成，形成了一条东西向的景观轴线。新校区北部的共享空间也已建成，形成了一条以楞伽塔为中心的南北景观轴线，二期景观结构设计采取将这两条轴线延伸的方式。

②基地水源来自于上方山，一期工程中水体已形成良好的景观效果，并且具有防洪作用；二期设计当中增加两个大的水面，提升景观效果和亲水体验。

③基地内建筑类型的多样性决定了场地的多样性，根据不同的建筑性质确定了3个大的场地需求。

④根据周边环境、现状水体以及建筑的需求最终形成了"两轴一脉，一中心"的景观结构（图3-53）。

图3-52　概念演绎

(6) 设计分析

①交通分析　解决了基地原有道路、外围道路与规划道路的贯通性问题，形成一套完整的道路系统。

②景观设计　自然景观主要是满足视觉需求，行为景观主要是满足空间对景观的需求，人文景观主要是满足文化对景观的需求，不同景观的设置增添了校园的感情色彩，实现了景观的三部曲。

③空间设计　不同类型空间的设置满足师生对不同空间的需求，最终实现空间的三部曲。

④水系设计　根据基地原有的水系开辟了两个大的水面：一个表现景观效果，一个体现亲水作用。同时将一期、二期的水系连接起来，形成良好的生态系统，达到水的三部曲。

⑤步行设计　根据两条轴线的确定，设置两条主要的步行道路，以便更好地欣赏轴线的景观效果（图3-54）。

(7) "三部曲"详细分析

①第一部：迈进校园——特色景观

- 两轴一脉是此基地的基本特征，它们的交点即是本设计的重点；
- 南北轴线贯穿整个教育园区，景观视线直通上方山楞伽塔，是一条最重要的基地轴线；
- 东西轴线为校园一期工程和二期工程的纽带，表达了整个校区的统一性；
- 水脉不仅疏通校园周围水系，达到净水防洪的作用，同时为校园景观增添更丰富的空间。

②第二部：融入校园——丰富空间　以中心节点为例，结合周边基地现状、上位规划和人群需求，创造各种活动空间，满足当代大学生的活动需求。

本中心节点以方形水面为主体，通过在其周边3个层次的空间营造、地形变化、植物配置，满足师生活动的需求，同时丰富景观效果。

第一层是高差为3.5m的景观步道，通过魔方和坐凳营造出一个丰富空间，供休息和交流。

第二层是高差为3.2m的通行步道，通过铺装材质的变化，增添了游览趣味性，解决交通问题。

第三层是高差为2.8m的亲水活动空间，满足师生的户外活动需求。

③第三部：走出校园——特色文化

记忆一：记忆苏州

基地坐落于苏州境内，在设计时要将苏州的传统特色融入校园景观设计当中。基地当中有保存较好的特色文化如师陶园、九曲桥、雕塑以及传统有特色的亭子。针对这两点，在景观设计中采用了不同的记忆方法，给校园增加了别具一格的特色景观。

基地属于老校区，因此具有较多保存完好的特色文化，如师陶园、九曲桥、雕塑师魂和鱼以及音乐系附近的古典亭子（图3-55）。

记忆二：记忆校园

毕业在即对于校园的记忆主要通过设置校友林和毕业生纪念林。对于校园的"至远致恒、务学悟真"的校训，我们将铭记于心（图3-56至图3-59）。

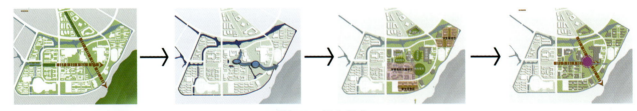

图3-53　概念组成

图3-54　设计分析

图3-55 局部效果分析

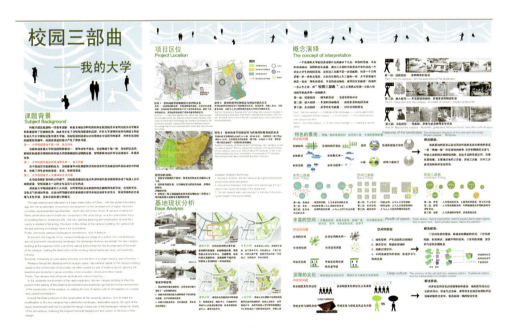

图3-56 校园三部曲——我的大学设计（1）

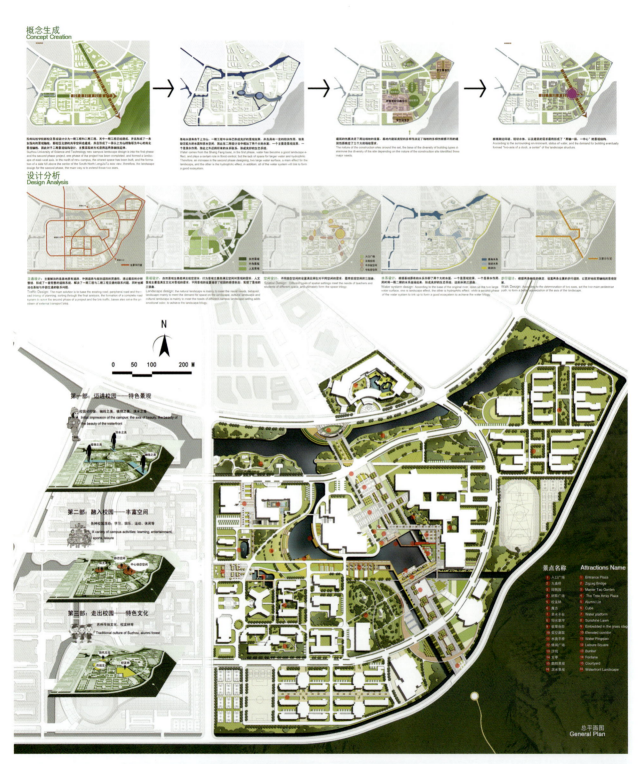

图3-57 校园三部曲——我的大学设计（2）

图3-58 校园三部曲——我的大学设计（3）

图3-59 校园三部曲——我的大学设计（4）

3.4.4 "园冶杯"大学生国际竞赛设计作品组一等奖作品分析

《湘潭市河西滨江风光带景观设计》(2011年)
学校：东南大学建筑学院
作者：李志刚、周静、余嘉、李晋琦、张小艳、邢成
指导教师：成玉宁

景观规划强化了湘潭历史文化传承与城市滨江生活两大主题，呼应湘江。设计通过流线型的景观要素及多样化的岸线处理将现代生活与历史文化契合到景观之中，在带状景观的交织中，展现湘潭的过去，展望湘潭的未来。

(1)项目简述

湘潭市滨江景观规划设计位于该市湘江北岸狭长地段。东起望衡亭，西至湘黔铁路桥。总面积49hm²。设计范围东西长约4.7km，南北宽约0.7km，总面积约49hm²，堤外面积约34.8hm²，堤内面积约14.2hm²。该地块南临湘江，北倚湘潭市老城区。周边自然人文景观资源丰富，现状条件复杂。其中，人文景观资源包括唐兴寺、望衡亭、毛泽东卖米处旧址、关圣殿、抗日英雄纪念碑、西禅寺、东岳庙等。自然景观资源包括湘江、雨湖公园等。此外，基地内外尚有工业遗存和经人工反复改造的废弃土地，各个时代的印记混杂在一起。

设计沿防洪堤及堤内规划滨江大道展开，防洪堤高程约42m，与堤内高差最大为4m，与堤外高差最大为10m。人与自然的改造使得现状地形条件复杂，起伏变化很大。现状的自然环境破坏亦较为严重。

(2)设计说明

昔日的湘江沿岸热闹繁华，然而随着时代变迁，场所精神渐渐流失。该景观设计旨在挖掘并延续场地的记忆，表现湘潭的方方面面，营造纪念的、历

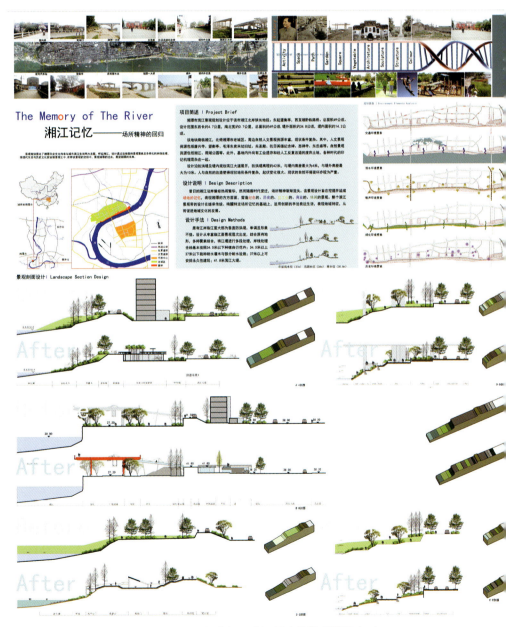

图3-60 湘潭市河西滨江风光带景观设计（1）

图3-61 湘潭市河西滨江风光带景观设计（2）

史的、商业的、休闲的景观。整个滨江景观带的设计在继承传统、唤醒特定场所记忆的基础上，运用创新的手法表达生活，表现地域特征，从而促进地域文化的发展。

(3) 设计手法

原有江岸临江面大部分为垂直防洪堤，单调且形象不佳。设计从丰富临江面景观层次出发，结合原有地形和多种要素，将江堤进行多段处理，岸线处理全线基本按照高程34.5m以下种植自衍花卉，34.5m以上、37m以下布置耐水灌木与部分耐水设施，37m以上可安排永久性建筑，41.8m为滨江大堤（图3-60、图3-61）。

3.4.5 "园冶杯"大学生国际竞赛规划作品组一等奖作品分析

《武汉市东湖风景名胜区磨山村景区整治规划》（2011年）

学校：华中农业大学园艺林学学院

作者：陈灿龙、雷瑜、李林蔚、马戈、张菲

指导教师：杜雁、丁静蕾

(1) 场地现状

场地为急待整治的景中村，地处东湖风景名胜区，南临武汉都市圈，根据其作为景区门户具有的良好的自然条件、复杂的功能性等客观因素进行分析，设计者将其定义为一个兼具生态景观、市民休闲、游客休憩、村民产业安置于一体的综合性公共空间。

(2) 设计说明

依据原厂的现状分析，结合定位，设计过程中关注功能分区、创意产业和自然环境的保护，将其规划成为两轴两带的景观结构，分为生态恢复区、艺术之林、钟情之丘等10个大区。各景区相互联系，使该场地充分符合空间特性的要求。既满足原村民的住宿问题，又带来经济收入（图3-62）。

(3) 设计策略

根据场地禀赋以及城市精明增长内涵，将解决场地问题的手段归结为"演替"，村落还建区的改建为一个"演"的过程，而场地上的景点规划

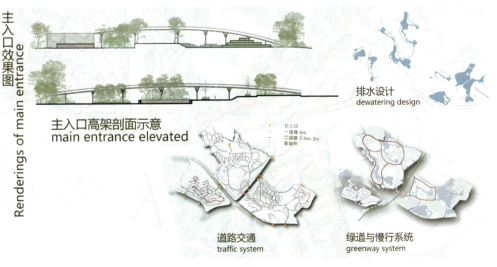

图3-62　武汉市东湖风景名胜区磨山村景观整治规划（局部）

图3-63 鸟瞰图

是一个人工注入城市功能的"替"的过程；场地被喻为由低效转为高效利用的次生地，重新注入了活力和生命力（图3-63）。

①"演"的策略

连续性：结合城市结构引导功能定位。

系统性：漫步道串联起绿色系统。

干扰：插入城市兴趣点。

恢复：水体与植被的恢复。

②替的策略　职业转换、居民点调控、道路整顿（图3-64）。

图3-64　设计策略解析

3.4.6 "园冶杯"大学生国际竞赛规划作品组一等奖作品分析

《宝鸡千渭之会国家湿地公园核心区修建性详细规划——周秦生态文化展示中心区修建性详细规划》（2012年）

学校：同济大学建筑与城市规划学院
作者：戴岭
指导教师：刘滨谊

(1) 项目背景

千渭之会国家湿地公园核心区位于陕西省宝鸡市中心。现宝鸡市主城区沿渭河两岸在千河以西发展，未来将跨越千河，向东发展。这里将成为宝鸡的城市中心区。

本次修规是在千渭之会国家湿地公园总体规划的指导下进行的，保护区范围26km²，湿地公园面积15km²，核心区面积5.79km²。总规对核心区的要求是进行一定的开发建设，打造成城市生态文化中心(ECD)。

(2) 项目特点

宝鸡是周秦文化发祥地，千渭之会曾经是秦朝由西到东崛起的途径，"蒹葭苍苍，白露为霜。所谓伊人，在水一方。"描述的就是这里，这里还有秦人养马的故事。

千渭之会是芷风聚气的山水宝地，一山两源夹两水的核心地带。

宝鸡是中国境内亚欧大陆桥上第三个大十字枢纽。陇海、宝成、宝中铁路交汇于千渭之会，连霍高速、平汉高速也交汇于千渭之会。基地对外交通主要依靠周围城市主干道以及堤顶防洪道路。

(3) 核心区总体规划

将基地分成两个部分：陆地开发建设部分和中央湿地部分。陆地部分由5个部分组成，分别体现了周秦的园林文化、饮食文化、居住文化、农耕文化和礼乐文化。这5个部分的修规是本次设计的核心。

总体结构以"凤舞"和"龙腾"作为主要构思，在3条飘逸的主要轴线上伸展出整体的形态，3条轴线汇聚于龙头的接待中心(地标)，次轴线如凤羽、龙须一般飘落在滩涂湿地之上。

各区块之间由堤顶防洪道路连接，被湿地隔开的地块通过湿地的木栈道和船相连。

(4) 基地现状

周秦生态文化展示中心区位于千渭之会交角处，处于蟠龙塬和千渭之会的连线上，是蟠龙塬龙头所在，与秦岭隔渭水相望。

基地面积34.72hm²，内部无建设用地，植被面积占85%，池塘面积占2%，道路面积占1%，采石破坏的场地面积占12%。

西宝高速在基地内部东西向穿越，将基地南北割裂，仅有两个涵洞连接南北；基地对外交通依靠城市主干道陈仓大道和堤顶防洪道路。

(5) 方案介绍

以周朝园林灵沼、灵囿、灵台为概念进行规划设计。结合核心区总体结构，确定周秦区的结构是"一轴一带千渭内外，三灵三台穿越三千载"。

"一轴"指自蟠龙塬指向千渭之会的这条轴线，它连接了入口、西宝通道、千渭之会交角。这条轴线上的景点突出周朝园林审美变化，以叙事的方式引人入园，使人感受中国园林漫长的发展初期的变化。这种变化一共经历了1000多年，体现了园区较强的纪念性。

"一带"指一条生态展示带。带上展示了一系列和谐的生态关系——天地关系，人地关系，人天关系。"湿地净化展示"景点体现和谐的天地关系，净化后的水为这条带上的灌溉和祭拜活动提供用水；人地关系体现的是对这块土地文脉的挖掘，通过"周秦八树""蕙芷兰""丛台""芦苇扁舟"景点来唤起对土地的记忆；人天关系体现的是祭拜活动，地形由高到低的变化和被净化的水流串联了这条带。

(6) 灵台——标志塔方案

台地占地约10hm²，底层成类圆多边形，南北入口间距离和东西入口间距离均为357m。为体现周秦时期景观感受的质朴、敦厚、拙实感，设计时宜以直线为空间构成的主要元素。

竖向上，进行视线和视域分析。得出100m和220m的高度是合适的。100m高景观塔给园内游人以高大感，城市层面有很好的视线控制力，除蟠龙源不可见之外，225km² 范围内 2/3 以上可见；220m高景观塔虽然给园内游人极端敬畏的感受，但在城市层面 220m 高的塔有极好的视线控制力，非常适合作为城市地标。

空间上，底层是基台，体现入水之龙微昂之势，同时消化防洪堤的背水面造成的基地内部与防洪堤堤顶的高差，人们可以处于居高临下的位置面对千渭之会。在游览方面，基台的表面空间由一个台苑砌筑的台身和观光餐厅组成，总高99m。二层台是一个建筑空间，内部是湿地中心和周秦文化展示中心，高9m，建筑面积20 000m²，

图3-65　周秦生态文化展示中心区修建性详细规划（1）

其中台身高77m，观光餐厅高22m。在台身挖出螺旋上升的道路，内壁布置着周秦的艺术品，连接二层台和观光餐厅。上层是高台榭，游客可以沿螺旋式道路登高而上。顶部的观光餐厅面积约1200m²。高台榭采用核心筒和混凝土砌筑结构。核心筒内设有快速电梯，连接二层台和观光餐厅。

游客沿螺旋式道路登高而上，登高的过程就是眺望湿地的过程，就是体验周秦文化的过程，同时旋转上升也是祭拜活动的一部分：一共转5圈，长1080m，登高77m，在这段路上完成与历史的对话、与周围环境的对话、与自己心灵的对话（图3-65、图3-66）。

图3-66 周秦生态文化展示中心区修建性详细规划（2）

3.4.7 "园冶杯"大学生国际竞赛设计作品组一等奖作品分析

《1+X 南京老城区农贸市场功能嵌入与景观改造》
（2012 年）
学校：南京林业大学风景园林学院
作者：李相逸、狄梦洁、李珊、鲁沐骄
指导教师：赵兵

(1) 场地选址

本次设计场地选在南京市老城区——秦淮区。秦淮区地处南京主城区东南部，因十里秦淮贯穿全境而得名。区域面积 22.36km^2。

(2) 社会背景

① 农贸市场　是现代社区中具有物质和精神双重特性的多元化活力空间之一，是城市环境系统中一个不可忽视的组成部分。人们急于逃离或躲避脏乱差的地方，然而，却不得不总在这些脏乱差、被称为城市灰色地带的农贸市场中获取供给生存的基本原料。基于此，对于现有农贸市场的景观化改造就显得尤为重要，意义在于对生存环境的优化和改善，使得原始的脏乱之地变成另外一个场所。

② 食物问题　数据表明，我国目前恩格尔系数仍然较高，食品支出占到了居民日常支出的34%，因此，食品采购量是相当大的，农贸市场作为人们日常采买食品的载体，利用率是非常高的。因此，对农贸市场的规范化和升级管理是极其迫切的。

③ 调查问卷　经设计小组成员对市民的调查，68%的居民表示愿意就近在自家周围的农贸市场采买日常食品，仅有32%的受访者表示愿意在超市或者其他地点购买食品材料。

(3) 历史背景

这个历史与现代文明交融的地方引起了人们的关注——人口密集、商业繁荣、旅游景区遍布……这些现存状况都为设计抛出了障碍，同时也保证了设计的可行性与生活性。其中的夫子庙景区不仅是秦淮区，而且是整个南京市的文化核心。

(4) 现状分析

① 道路系统分析　道路结合自然地形，形成三纵四横的交通干道系统，系统分级清晰，组织合理。

② 建筑性质分析　在所选场地内，经调研，发现民居占了近50%，商业建筑30%，服务性建筑20%，其他类型建筑10%。这表明，在本设计场地上，居民数量很多，因此必定会产生相应的公共活动需求，但整块场地被商业建筑、居民楼、服务建筑分割得很零碎，可利用的场地也大大减少。

③ 公共场地分布　调查发现，现有的可供居民进入活动的公共场地所占的比例不到50%，它们分为公共绿地、纪念馆、公共广场和活动场馆四大类型。面积少、类型少，不能满足场地居民的日常需求。

④ 现有菜场分布　秦淮区共有 31 个农贸市场，而在所选场地中就有 9 个之多，每个现有农贸市场都有固定的辐射半径和服务人群，聚集在一起就形成了这个地区的农贸市场系统，它们担当了日常居民生活中重要的角色，承载了周边居民强烈的归属感。

(5) 概念说明：1+X

1——保持农贸市场这一空间原始功能不变，通过设计加以优化升级，希望通过空间分割和序列创造来改善菜市场交易空间的环境质量。

X——所要叠加的空间功能。所要叠加的功能是基于不同农贸市场周边的特定活动和周边居民的生活习惯而定的。通过大量走访调研，抽出每个农贸市场特定的叠加功能，针对这些叠加功能进行设计、创新，力图给周边居民创造强烈的归属感。

(6) 设计分析

① 空间序列　设计范围是现代与古典相结合的区域，不仅可以看到现代生活的高楼大厦以及现代公园，更有中国古典园林——夫子庙等。剖面图展示的是空间序列的排布，以及天际线的变化（图 3-67）。

② 街道元素分析　设计的目标是让所有进入农贸市场的人们有一种归属感，即让农贸市场与场地现有的公共活动或是古已有之的民俗传统产生联系。这张图表现的是设计的农贸市场与这一区域固有的公共活动空间所处的位置以及相互之间的联系。

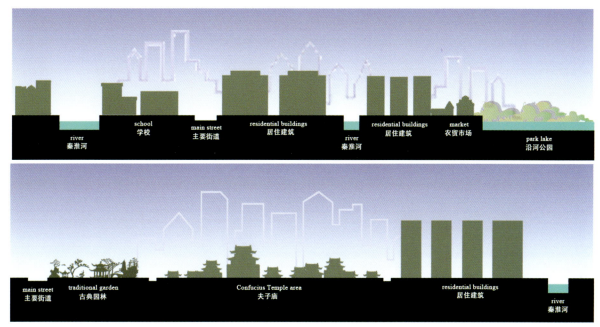

图3-67 空间序列分析

③使用频率对比 之所以采用"1+X"的模式,是要在继承和发扬传统的民俗文化的同时,提高场地的利用率,即给居民提供更多的、必须的活动场地,使得更多的人参与其中。

④空间位置

屋顶模式:这是一个想象中的模式,它位于高楼的顶部,给人们提供一个休闲场地,能够观看窗外的风景,领略古都的遗韵。

错层模式:是对于现存状况的改造,实地改造选址为秦淮区羊皮巷农贸市场。由于这一区域已经自发形成了花鸟鱼虫等的同乐会,所以这个设计是农贸市场与花鸟虫鱼市场的结合(图3-68)。

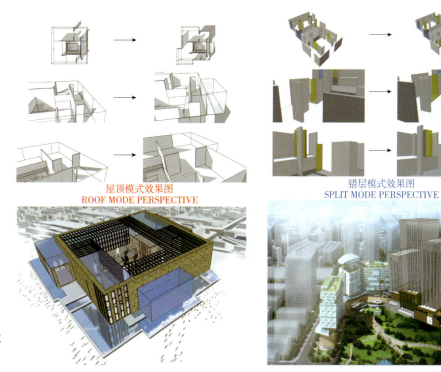

图3-68 屋顶与错层模式效果

室外模式：位于两栋居民楼之间，实地改造选址为夫子庙农贸市场。秦淮区图书馆紧邻农贸市场一侧，前来阅读、上网的老年人数量很多，结合周边社区老年人的精神文化需求，构建农贸市场和老年人文化活动中心两大功能叠加的空间。

地下模式：位于居民楼地下室，实地改造选址为秦淮区内桥农贸市场。结合周边流动农民工需求，打造农贸市场与流动农民工服务站相结合的空间。

⑤建筑元素

屋顶模式：设计一个天井，同时充分利用顶部优势，利用自然光——顶部有屋顶的地方采用玻璃上方加绿柱的概念，同时将绿柱与古代花格窗的图形要素相结合，加上悬垂下来的绿柱，表现出追求无限绿色空间的理念。

错层模式：在立面的设计上使用花格窗抽象元素与垂直绿化相结合。

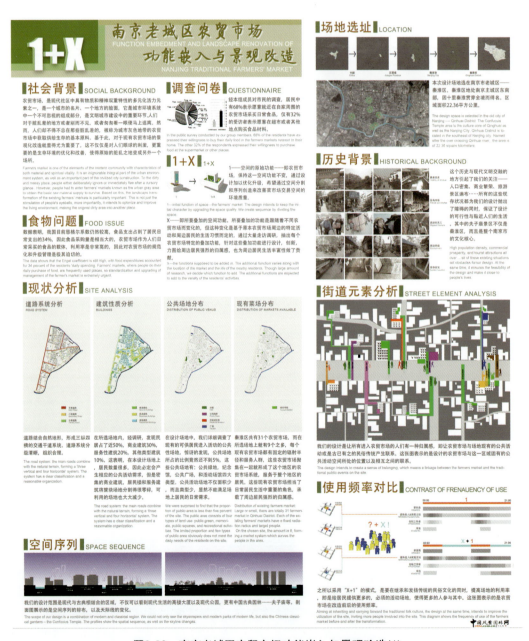

图3-69　南京老城区农贸市场功能嵌入与景观改造(1)

室外模式：结合室外特点，将农贸市场的屋顶绿化作为建筑外观设计的重点。

地下模式：将传统建筑元素花格窗形式抽象简化，与生态墙相结合，打造既具有生态功能，又兼具美感的建筑墙体。

⑥私密度分析　墙体的变化带来了空间私密度的改变，给使用者以不同的心理暗示，再辅以特定的设施，能够实现相应的功能。如作为农贸市场时，空间私密多在1~2级，私密度较弱，适宜居民采买日常食品，也方便交流。而改造后私密度多在2~4级，既有开敞的空间，也有私密的空间，时而静谧、时而开敞，是周边居民消闲的好去处。这种墙体变化前后空间私密的变化，是整个农贸市场改造升级的核心所在（图3-69、图3-70）。

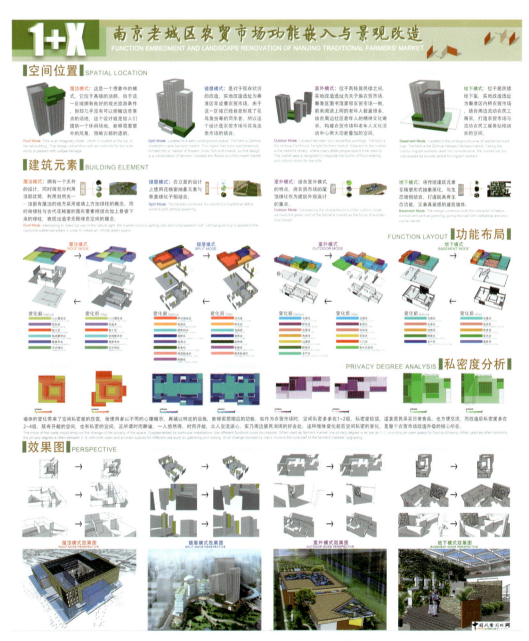

图3-70　南京老城区农贸市场功能嵌入与景观改造(2)

第4章 设计竞赛相关理论基础

4.1 文化景观与遗产主题

1992年12月,联合国教科文组织(UNESCO)世界遗产委员会第16届大会在美国圣菲(Santa Fe)召开,与会专家指出将代表《世界遗产公约》中第一条"人与自然的共同作品"的文化景观纳入《世界遗产名录》。文化景观(Cultural Landscapes)由此作为世界遗产的重要类型,受到世界许多国家和地区的普遍关注。UNESCO认为文化景观是人类社会和聚落随着时间在自然环境提供的自然限制和机会以及延续的社会、经济和文化力量(外在的或内在的)影响下的有形证据。文化景观既是产物又是过程,是人们生活方式、民族身份和信仰系统的象征,扩展了关于生物与文化多样性相互交叉关系的思维。

4.1.1 村落文化景观

4.1.1.1 概念解读

按照世界遗产委员会的解释,文化景观类型遗产体现了"人类与自然环境互动的情况",包括了"能持续使用土地的特殊手段",这就是指以农业经济为基础、以村落为中心的遗产类型——村落文化景观。

村落文化景观是自然与人类长期相互作用的共同作品,是人类活动创造的并包括人类活动在内的文化景观的重要类型,区别于人类有意设计的人工景观和鲜有人类改造印记的自然景观。村落文化景观展现了人类与自然和谐相处的生活方式,记录着丰富的历史文化信息。

所蕴含的自然和文化多样性是未来理想生活的活力源泉,具有重要的文化象征意义。在倡导保护村落文化景观时,应当注重保护村落赖以生存的田地、山林、川泽及其生态环境,保护村落的居住环境。

村落文化景观是长期历史发展过程中形成的,并仍然在发展和不断变化,需要尊重村落文化景观的演变特性,延续村落的文化脉络,以维护现代社会文化多样性。

村落文化景观的构成要素包括了物质要素和非物质要素。物质要素又分为自然要素和人工要素。物质要素是村落文化景观形成的基础,反映村落文化景观的文化基底,而非物质要素是在物质要素基础上形成和发展起来的,体现着村落文化景观独特的个性。1993—1997年,欧盟环境学、社会学和地理学等领域的学者,对村落文化景观的可持续性进行讨论,最后确定以生物环境质量、社会环境质量和文化环境质量三大类指标,构建村落文化景观可持续性发展的评估体系。

随着社会的进步和人们对于历史文化遗产保护的关注度逐渐提高,针对古村落文化保护的思路也在发生着转变,从以往片面强调单体村落建筑的保存向关注村落整体历史环境保护方向发展;从强调村落的年代和历史价值向关注村落生活空间的永续利用和特色维持方向发展;从单纯保护村落过去的历史向促进村落未来和谐共生的方向发展。

4.1.1.2 案例分析

(1)中国历史文化名村——武汉市大余湾村文化遗产保护与利用

大余湾村位于湖北省武汉市黄陂区木兰乡于

2006年10月被建设部、国家文物局批准为第二批中国历史文化名村。大余湾的历史至今已有600多年（图4-1）。

(2)推动传统文化的传承

中国境内的文化遗产被世人公认为最具多样性价值的世界文化遗产，大余湾村也有其唯一的、不可替代和不可再生的传统文化。大余湾村尚存40余栋明清古宅和大量的古迹文物，具有丰富的文化底蕴。

村落的选址、理水、道路骨架、住宅形式、构造与装饰都有其独到的特点。这可以从村内多首年代久远的歌谣中反映出来，例如，"左边青龙游，右边白虎守，前面双龟朝北斗，后面金线钓葫芦，中间如意太极图。"生动地勾勒出它的地貌与环境特征：伫立于村南双龟山上，可见不远处有7块形色相若的花岗岩，寓意天上北斗星；左右两山盘踞，恰似青龙与白虎扼守护卫；村后的西峰山绵亘起伏，恰如金线贯穿着一串葫芦般的山群；踱入村中，一湾池塘与紧紧相邻的田垄，几乎就是活脱脱的一幅如意太极图。余氏先祖以村前涧溪作沟壑，以村后紧挨的西峰山而筑的石寨墙为屏障，并内连各户，这样可以外御贼寇，也可以形成相对封闭的生活体系。大余湾人砌筑的宅院，其形式、格局，既体现了古老的民本理念，也为

图4-1　大余湾村平面示意图

（引自：http://tupian.baike.com/a2_43_98_01300000324235124472980060042_jpg.html）

长期较完整地保存这座民俗村提供了条件（图4-2和图4-3）。

大余湾还有一个习俗是每到梅雨季节，家家户户都要将自藏的古籍、书画、信函等拿到太阳底下暴晒，以防霉变。其场面非常壮观，整个村子里都飘荡着书香。

文化遗产作为文化的载体，使得后人能够通过观赏来体会前人的经历和伟大的创造力。

大余湾民俗村的房屋，几乎全是用裁切得十分规整的条石砌建而成，而围墙却是用石块垒成的。民居整齐划一、坚固耐用、赏心悦目。屋顶

图4-2　大余湾村的民居与街巷空间

（引自：http://m.ctrip.com/html5/you/travels/hubei100067/1815336.html）

图4-3　大余湾村的山水环境与聚落景观

（引自：http://www.deyi.com/thread-4933404-1-1.html）

均为硬山式，隔间的垛墙笔直地砌上瓦端，突出于檐外。这里的许多房屋、宅第进深四间，面阔三间且与隔壁相通；天井正中，有长方形的石砌水池，与天井之上的一方无瓦之顶垂直对应，这样，不仅上面利于看天采光，下面利于积雨蓄水，同时还具备了排水功能，体现了对水的珍惜和对水蓄放的讲究（图4-4、图4-5）。

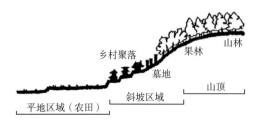

图4-4　丘陵地景观断面图

图4-5　里山生物多样性

(3) 市民参与型的乡村景观保护——以日本海上森林国营里山公园为例

在日本，乡村景观称为里山，是指村落周围的山林及其环境，是相对于深山而言的乡村景观。在长期的生活实践中，日本人创造了传统的半自然文化。就是说在改造自然的同时，并没有从根本上改变原来的自然生态系统的构造，从而使其保持了一种半自然的状态。近年来，这种半自然的生态系统，特别是所谓的里山作为一种社会现象引起广泛的关注。里山并不是由参天大树组成的原始森林，而是由人为管理保留下来的杂木林及其周围的水田和旱田等景观要素组成。各个景观单元以相互镶嵌状组合在一起，富于视觉上的变化，并为人们提供快适性。从这个意义上考虑，里山作为一种独具快适性和颐养身心功能的自然空间，早已成为与日本人的感性相匹配的精神家园。伴随着在日本开展的"环境保护型

自然体验活动"的深入，生态旅游的实施范围逐步扩大。从保护自然生态系统与振兴区域经济的角度考虑，把里山作为生态旅游资源纳入到自然体验活动中。

目前由于社会对里山保护的认识和国家财政支持等问题并未达成一致意见，里山的保护工作只能依靠市民的力量。由此，市民保护里山的各种活动也应运而生。志愿者是市民中最活跃的一个群体，他们自愿前往里山杂木林和梯田，开展里山保护运动。日本全国有几百个这样的志愿保护团体，当中有些团体还取得了特定非营利活动法人（NPO法人）的身份。志愿团体的主要活动是杂木林修复（除掉树下杂草、采伐）和梯田耕作等。虽然参加里山保护运动的志愿者数量日益增多，距离梯田和水塘的维护需求，仍有很大差距。因此，虽然市民对里山的保护有举足轻重的作用，也不能把所有的期望都寄托在市民身上。

爱知世博会与里山：2005年的日本爱知世博会被称为"环境世博会"和"里山的世博会"（图4-6）。里山是本届世博会的一个重要议题。1997年日本得到了世博会的举办权。主会场位于爱知县濑户市东南部的海上森林地区（"海上"为地名），位于名古屋以东20km，是一片森林环绕着湖泊的丘陵地带，分布着3000多种不同的野生动植物。然而，这一选址遭到日本环保组织和当地市民团体的激烈反对。围绕环境世博会的内容，认为只要兼顾环境就可以开发里山的工程师与坚信开发会破坏环境的反对者进行了激烈的争论。反世博运动者坚决反对任何形式的开发里山，因为他们认为这样会导致"以保护环境之名破坏环境"的开发活动成为正当合理的行为。

国营公园构想：起初提出"将海上森林发展为国营公园"构想的主要目的是阻止新住宅区道路的建设。提出在世博会上"原汁原味地展出"海上森林，会后将这里作为纪念世博会的公园保留下来。

为了实现中止新住宅区和道路建设的战略目标，国营公园的规划制定工作逐步展开。在方案规划过程中提到了"里山公园"（图4-7）。

图4-6 日本爱知世博会

市民发现了里山：国营公园倡导会为了制定里山公园规划，对自古以来居住在海上村落的土地所有者进行问卷调查，对战后空中摄影进行辨认工作等。

世博会举办方的态度很坚决，坚持认为海上森林本来就不是里山，战争刚结束时这里就以秃山的状态存在。而且，就算这里过去是里山，那么时隔50年也失去了保护的必要性。这与一些市民认为的这里自古以来一直都是作为里山被利用的说法恰好相反。

一方面，通过空中摄影的辨认工作可以判断出，即使战后海上森林的树木都被砍伐了，但地表并未裸露。由于砍伐树木时保留了树根，以后还能再长出树木，即"萌芽更新"，这里的自然完全可以得到恢复。

另一方面，1999年春，国营公园倡导会的部分成员开始向海上森林的土地所有者租赁土地，耕种水田。人们在田地开展农事活动时无意中发现了蝌蚪和水生昆虫，这在前一年还未出现。这件事给人们带来了启示，休耕地里是不会出现蝌蚪的，水田内有水才会有蝌蚪，有蝌蚪就会有以青蛙为食的蛇，进而蛇还会引来以其为食的其他动物。因此人们进一步确信，人类通过农耕活动向水田引水维持了海上森林原有的里山生态系统。

因此，1999年10月出台了将海上森林建成国营公园的最初规划方案，国营公园倡导会在自己制定的里山公园规划中，将里山定义为"田地与森林的统一体"。也就是说，里山是人类为了农耕和生活通过人为行动保持的环境。举办方在制

图4-7 杂木林、样田组成的里山风景

（引自：http://m.ctrip.com/html5/you/travels/hubei100067/1815336.html）

订规划设计的最终方案时也参考了，包括水田耕种与生态系统的关系以及树木采伐的必要性等一系列人为维护环境的观点。并对原来的方案进行了相应的修订，把世博会主会场改在奥林匹克青年公园，"海上森林"只保留了 15hm^2 的一个分会场，全力突出里山保护。

过去自然保护运动认为只有停止开发行为才能达到保护自然的目的。但里山保护得出，必须持续地对里山施加人为活动。即使世博会被中止，海上森林一旦成为盐碱地，人为因素也起不了任何作用，最终还是会失去里山这种环境。因此，不同于以前的自然保护方法，维护海上森林里山环境的工作应该借助人力来完成。

里山环境必须借助人为力量才能得以维护，这与以前要求"原汁原味的自然"，批判"施加人为因素"的自然保护主张是不一致的。

在持续修复里山环境的里山保护运动中，当地居民的态度是不容忽视的。因为当地居民与里山相互依存，他们是里山历史的见证者，和里山保持高度的一致性。此外，他们熟知如何合理、有效利用里山资源，如何能使里山一直保持原始的面貌。例如给予水田耕作建议和提供水源的却是生息在这里的当地居民。

4.1.2 历史街区的保护和更新

4.1.2.1 概念解读

1982 年，国务院公布了第一批国家历史文化名城，在这一时期还没有形成历史街区的概念，但人们已经注意到了文物建筑以外的建筑环境的保护问题。针对历史文化名城保护工作中的不足和来势凶猛的旧城改建热潮，国务院在 1986 年公布第二批历史文化名城时，正式提出了保护历史街区的概念，这标志着历史街区的保护政策得到了政府的确认。历史街区应具备以下特征：具有一定规模的片区，并具有较完整或可整治的景观风貌；有一定比例的真实历史遗存，携带真实的历史信息；历史街区在城市、城镇生活中仍起着重要的作用，是新陈代谢、生生不息的，具有活力的地段。

历史街区保护的基本原则有：

(1) 历史真实性原则

反映历史风貌的建筑、街道等必须是历史原物。虽然在整个街区内允许有一些后人改动的建筑存在，但应只是小部分且风格上基本统一。一般情况下，历史街区中能体现传统风貌年代的历史建筑的数量或建筑面积占街区建筑总量的比例应达到 50% 左右。

(2) 生活真实性原则

要求历史街区不仅是过去人们生活和居住的场所，而且现在仍然并将继续发挥它的功能，是社会生活中自然且有机的组成部分。生活真实性有两个评判标准：一是原有居民的保有率；二是原有生活方式的保存度，即历史街区应该是该城市或地区传统文化和生活方式保存最为完整、最有特色的地区。一般来说，历史街区的人口保有率应在 60% 左右，这样基本可以保证历史街区的社会生活结构和方式不被破坏，保持完整的社会网络。

(3) 风貌完整性原则

要使历史街区能够形成一种环境，使人从中感受到历史的气氛，就要有一定的规模，在该区域视野所及范围内风貌基本一致，有较完整和可整治的环境，但规模也不宜过大。根据目前国内历史街区的一般状况，核心保护区一般控制在 15~30hm^2，历史街区的总面积一般在 30~50hm^2 左右。

4.1.2.2 案例分析

(1) 苏州平江历史街区改造

平江历史街区位于苏州古城东北角，街区面积 116.5hm^2，是城内迄今保存最为完整、规模最大的历史街区。街区内拥有世界文化遗产耦园 1 处，省市级文物古迹 100 多处，历史建筑 16.7×10^{4}hm^2。街区至今保持了自唐宋以来水陆结合、河街平行的双棋盘街坊格局。历史文化遗存类型丰富且为数众多，堪称苏州古城的缩影，是全面保护苏州古城风貌的核心地区。

①规划框架构建　对历史文化资源进行深入挖掘，理清其历史脉络，为准确评价其历史文化价值提供依据。

对历史街区进行全面、综合的现状分析,包括对街区每一条街巷、河流、所有文物古迹的探勘,对每一栋建筑的风貌、年代、质量、使用性质和产权等方面的评价,以及对居民的人口户数、意愿调查等,这些材料不仅为学术研究和规划设计提供第一手基础资料,其本身就是记录街区发展轨迹的珍贵档案(图4-8)。

保护是发展的前提,发展是保护的提升。街区保护层面主要研究历史环境和文化遗产的保护和修复,街区发展层面则研究如何在城市的发展变化中实现历史街区的永续利用,即改善人居环境,提高生活质量,促进城市经济,创造地区活力等问题。

规划实施是历史街区保护的难点与重点所在,由于在规划深化阶段部分重点地段的整治工作已开始,在实施及管理中遇到的技术、政策等方面的问题应及时反馈到规划编制中,有效增强规划的针对性和时效性。

②城市紫线划定 城市紫线是指城市历史文化遗存的范围控制线,是城市规划强制性内容的重要组成部分。建设部颁布《城市紫线管理办法》(2003年),旨在保护历史街区与历史建筑。规划中将城市紫线的概念拓展至所有历史文化遗存的保护界线,保护对象包括了各级文物保护单位、历史建筑、历史构筑物(古桥梁、古驳岸、古水埠头、古牌坊、古砖雕门楼、古井和古城堵遗址等)、历史街区。本着简化和统一保护层次的原则,将所有保护对象的保护界线都划定为两个层次,即保护范围和建设控制区(图4-9)。

历史环境保护:历史街区要保护好整体的历史环境及风貌。从对单体、分散的文物古迹保护转向对历史环境整体的保护,是符合保护文化遗产国际性宪章精神的。街区历史环境的保护既包括各种类型的物质空间环境,同时

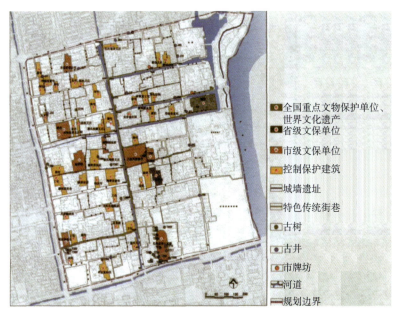

图4-8 历史文化遗产分布图
(引自:《苏州古城平江历史街区保护规划与实践》)

图4-9 城市紫线划定图
(引自:《苏州古城平江历史街区保护规划与实践》)

也涵盖丰富的社会人文环境，物质空间环境是文化传承的载体，社会人文环境则是历史景观的灵魂。前者是街区保护的重点，后者是街区保护的难点。

平江历史街区物质空间环境的保护与整治主要包括保护河街并行的双棋盘街坊格局，序列有致的街巷河道体系，桥头河埠、水井牌坊的开放空间，错落有致的街道河道空间界面，别有天地的庭院园林空间以及市政设施的环境风貌整治等。尤其是特色空间和要素的保护与恢复是街区环境风貌保护的重要内容，而且其本身也往往与某种生活方式联系在一起。如水井就是极具特色的历史环境要素，水井开放空间至今依然是邻里交流最平凡的空间之一，虽然现在家家都有自来水，但在井边劳作交流的乐趣远大于取水洗涤的实际功能。同时，随着多数水井在取水功能上的逐渐退化，水井已开始承担起特定环境中的文化功能（图4-10）。

弹性用地控制：城市紫线的划定体现了保护规划的强制性内容，在不确定的市场条件下，规划在土地使用调整上，更多要为街区的未来发展留有空间上的余地和功能上的弹性。规划着重控制和调整以下两类用地类型（图4-11）。

● 文物古迹用地。街区拥有100多处文物古迹，用地面积14.57hm^2，占街区总用地的1.25%。规划将现状各种使用性质的文物古迹统一划归文物古迹用地，目的在于强化文物古迹的重要性。优先恢复其原有的使用功能，如寺观、会馆、园林等，对于现有居住功能的文物古迹，除了保持居住功能外，只要是符合其历史文化内涵，不破坏原有建筑特色和环境的所有使用功能都应鼓励，如作为文化展示、旅游休闲、社区服务等（图4-12、图4-13）。

● 规划新提出的更新发展用地，主要包括街区内所有工厂用地、监狱用地、棚户简屋区居住用地，总面积19.7hm^2，占街区总用地的16.9%。更新发展用地目的在于通过地块更新为街区保护提供后备拓展空间，不规定其具体用地性质，只提供用地

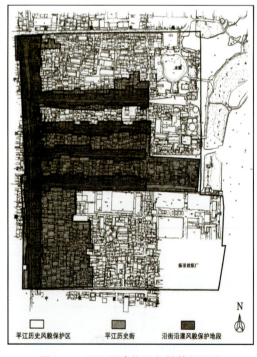

图4-10　平江历史街区保护等级分图

（引自：《苏州平江历史街区保护规划的战略思想及理论探索》）

图4-11　土地使用调整图

（引自：《苏州古城平江历史街区保护规划与实践》）

兼容性和规划要点,为不可预测的未来留有余地。

历史街区保护是一项复杂的社会系统工程,需要通过多种途径和形式,强化全民保护意识,居民是街区真正的主人。规划在编制阶段开始即鼓励公众参与,及时反映和听取社会各阶层关于街区保护与发展的建议。在规划实施中,建筑的保护与整治工程采取公示方式,所采取的房屋不落地的拆迁办法得到了居民的理解和支持,既保护最广大人民群众的基本利益不受损害,又有利于街区保护的顺利实施。在重要历史建筑的修缮和利用上,成功运用市场运作的方法鼓励民间资本的参与,解决修缮的资金和合理利用的问题。

(2)法国历史街区保护实践——以巴黎市为例

①法国历史街区保护概况

在法国,根据现行《文物法典》,建成环境的历史遗产主要指历史纪念物(monument historique),具体包括房屋建筑、风景名胜和保护地域3种类型。其中,保护地域与我国《文物保护法》规定的历史文化街区相类似,包括了保护区(secteur de sauvegardé)和开发利用建筑与遗产价值区(aire de mise en valeur de l'architecture et du patrimoine)两个分类。前者指具有历史、美学或自然特点,有理由将其中的房屋建筑视为整体,对其全部或部分进行保护、修复和利用的地域;后者指具有文化、建筑、城市、景观、历史或考古收益的地域,可以在尊重可持续发展的原则下,促进建成环境历史遗产和空间的开发利用,因此具有公用地域属性。

图4-12 平江路改造后风景(1)

(引自:http://suzhou.19lou.com/forum-924-thread-164101353646287536-1-1.html)

图4-13 平江路改造后风景(2)

(引自:http://dp.pconline.com.cn/dphoto/2432996.html)

作为法国历史街区保护的两种法定制度工具,"保护区"制度始于1962年的《马尔罗法案》。"开发利用建筑与遗产价值区"制度始于2010年7月12日颁布的《2010—788号法案》。

在实践中,法国城市,特别是以巴黎市为代表的历史城市,对历史街区的保护并不局限于保护区和开发利用建筑与遗产价值区两种法定形式,而是更多地根据保护城市传统风貌的需要，结合当地规范性城市规划——《地方城市规划》的编制，针对未被列为保护区或开发利用建筑与遗产价值区的非法定历史街区，同样予以有效保护与合理利用（图4-14）。

②法定历史街区的保护实践 "保护区"是法国法定历史街区的主体，也是针对历史街区最严格的保护制度。在实践中，保护区的保护利用普遍遵循"严格保护、合理利用、持续发展"的原则，采取整体保护、有机整治的方式，不仅涉及既有建成环境的历史和美学价值，更牵涉到其中的社会经济活动和居民日常生活。具体而言，一方面，通过严格保护某些特色鲜明的空间要素，以体现保护区的历史和美学价值；另一方面，通过适度整治某些与特色不符的空间要素，以满足保护区的社会经济发展和居民日常生活的需求，避免沦为僵化的"城市博物馆"。

以巴黎七区保护区为例。它位于塞纳河左岸的巴黎市七区，占地195hm²。历史上曾是巴黎市的郊区地带，从17世纪开始因巴黎圣日耳曼修道院而发展起来，18世纪以后开始城市化进程，19世纪以来逐渐成为法国政府部门和外国使馆机构的聚集之地。其建成环境的特点，一是以大型贵族宅邸和公共建筑为代表的历史建筑众多，如荣军院、奥赛火车站和Biron公馆；二是由院落、轴线、广场、道路等共同组成丰富多样的城市肌理，包括奥斯曼时期修建的圣日耳曼大街。在社会经济方面，该地区相对于巴黎市中心的其他地区而言，人口和建筑密度较低；经济和产业构成单一，全部为第三产业，且绝大部分为政府办公。显然，如何保护独特的建成环境和丰富的历史遗产，如何避免单一的产业构成造成经济活力的衰退，如何稳定当地人口规模并保证居民的生活质量，是巴黎七区保护区的保护利用必须面对和解决的问题（图4-15）。

按照法律规定，法国文化部委托建筑师M. Leclaire在国家和巴黎市相关机构的密切配合下编制完成《巴黎七区保护区保护与利用规划》，于1980年5月获得巴黎市议会的支持意见。该规划严格遵循上位规划针对巴黎市中心区提出的3项基本原则，即维持居住功能及其多样性、保护和激活历史中心区、改善生活环境，针对建成环境历史遗产的保护和利用、开放空间的保护和利用

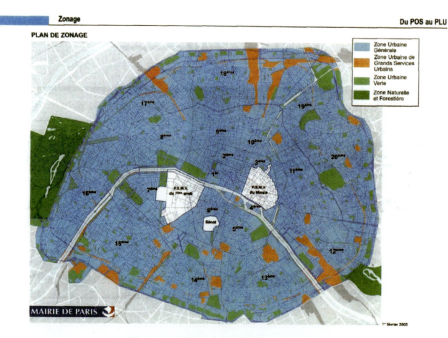

图4-14　巴黎两个保护区的空间分布
（引自：《法国历史街区保护实践——以巴黎市为例》）

以及新的开发建设项目作出了详细的规划管理规定。规划涉及的空间要素主要包括建筑、绿化、街道、街区、公共空间和土地利用，涉及的内容主要包括建筑物的全部或部分保留、修复、拆除，需要保护和建设的绿化空间，沿街建筑的立面取齐、檐口高度和建筑设计要求，街区的特殊保护、建筑高度和整体整治的要求，需要保留的公共通道和需要建设的步行区域，以及为未来公共绿地和公共设施建设预留的用地等（图4-16）。

③非法定历史街区的保护实践　在法国，对非法定历史街区的保护，直接表现为对其所承载的城市传统风貌进行整体保护与有效利用，主要遵循两条基本原则：一是保护传统城市空间的构成要素以及相互之间的结构关系，即城市中的任何建设工程，无论是新建还是改建和扩建，抑或是拆除，都要遵循当地的建筑文脉和城市肌理，特别是空间组织中的比例、尺度、构图和布局等，以保持传统城市空间的结构关系；二是尊重当地的发展需求，即对传统城市空间构成要素及其相互之间结构关系的保护与利用，并不局限于外在的物质形态，更要满足城市居民的生活需求，包括维持适当的人口规模、容纳新兴的城市功能、鼓励城市功能的混合发展等，以促进城市街区的持续发展（图4-17）。

4.1.3　纪念性景观

4.1.3.1　概念解读

纪念性景观的内涵，一般包括以下3个方面：标志某一事物或为了使后人铭记的物质性或抽象性景观，能够引发人类群体联想和回忆的物质性和抽象性景观，以及具有历史价值或文化遗迹的物质性或抽象性景观。

(1)纪念性景观的起源与发展

①对神的纪念　在远古蒙昧时期，人类充满了对自然的敬畏和崇拜，此时的纪念性景观是一些近似图腾的、体量巨大、充满神秘色彩的景观。如英国巨石阵列、南太平洋复活岛巨

图4-15　巴黎七区保护区空间概貌

（引自：《法国历史街区保护实践——以巴黎市为例》）

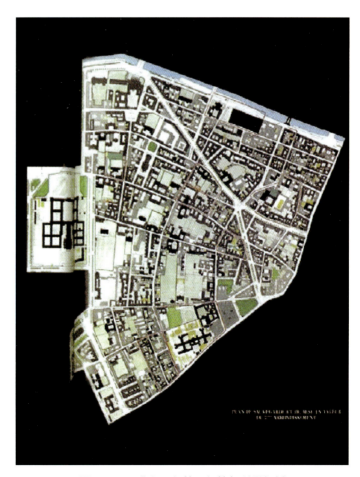

图4-16　巴黎七区保护区保护与利用规划

（引自：《法国历史街区保护实践——以巴黎市为例》）

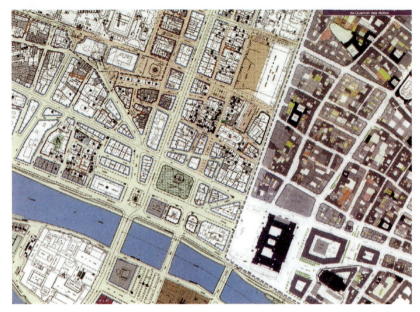

图4-17 《巴黎地方城市规划》对需要保护的房屋建筑和绿色空间的规划管理规定
(引自:《法国历史街区保护实践——以巴黎市为例》)

型雕塑群等都是典型的例子。

②对君王的纪念 这个阶段从时间上来看大体上相当于奴隶社会后期和封建社会的漫长时期,此时纪念性景观往往通过严整对称的形式、明显的中轴线来体现统治阶级森严的等级,另外常常通过表现崇高、伟大来实现道德的教化。

历史上很多帝王政治上利用陵园场所有意将墓和园分离并将自己神化,将其转化为一种类宗教性场所,如埃及的戴尔埃尔巴哈利祭庙。

③对机器的纪念 工业文明的兴起给城市景观带来了深刻的变化。人们的生活——工作、居住、娱乐等被解构成一个个功能独立的零件。此时的纪念性景观多集中在城市中,为集合了古典美的形式和某些物质功能的纪念性景观。

④对人的纪念 20世纪中叶以来,随着社会经济的发展、文化思想的进步,开始寻求人性化的纪念景观,为伟人,更为普通人。此时纪念性景观无论在纪念观念、纪念对象、纪念空间形式、设计思路和手法上均有所进步,纪念对象范畴也趋于广泛。

纪念性空间中通过空间序列表达概念都是普遍性的,这使得游览空间呈有导向的线性。历史人物或事件都是历史的一个片断,从这个意义上讲,它们都具有一定的长度,即使是发生于某个点的事件也有缘起和后续影响的陈述可能,因此,通过表述这个时间长度来表达纪念是顺理成章的,这也可以解释为什么线性空间(对应于网状或点状结构)更适合纪念性景观类型。

叙事在文学创作上是指用散文或诗的形式叙述一个或多个真实的或虚构的事件。作为设计手法,叙事在景观设计创作中并非是一个崭新的概念,由于叙事表达对完整性的特殊要求,运用叙事很容易形成一个完整和清晰的设计理念而被大众接受,因此,它早已被广泛地运用在各种景观类型的创作当中。相对而言,纪念性景观运用叙事性设计语汇更为普遍,叙事也更适用于纪念性景观。

纪念性景观有其特殊的要求,即强调公众知情权,或称设计概念的可达性,无论设计表达艺术水准的高低,是运用明喻、暗喻还是隐喻,都需要有一个解说体系让参观者可以基本了解设计所要表达的纪念性。这种特殊性是与纪念性景观设置的目的直接相关的,当代纪念性景观都具有公共服务的属性,通过设计唤起当事人的记忆,更重要的是让后人铭记那些历史。

4.1.3.2 案例分析

(1)戴安娜王妃纪念园(Memorial Garden of Princess Diana)

地点:英国伦敦海德公园(Hyde Park)
设计:Gustafson Porter 事务所
建成时间:2004年

戴安娜王妃纪念园在英国王妃戴安娜辞世7周年之际,于2004年7月在伦敦的海德公园内建成。纪念园的主体——纪念喷泉位于伦敦海德公园蛇形湖畔左岸，耗资 4700 万美元。由 Gustafson Porter 事务所设计（图 4-18）。

1999 年即戴安娜王妃辞世两年后，英国政府宣布建造一座纪念她的喷泉。最终美国风景园林师 Kathryn Gustafson 的设计方案被定为实施方案。

该方案与风景园林中传统意义的喷泉不同，它不是一个垂直方向的水景，在竖向上，它显得异常的"沉默"和"平静"。相信正是基于此，评委们才将其选定为最终实施方案。

圆环形的水渠安置在开阔的绿地之上，形式上它光滑柔顺，并与周围的地形和植物完全地融为一体，如 Gustafson 所言，这个长短轴分别为 50m 和 80m 的椭圆环"恰似一串项链，被温柔地佩在原有的景观之上"。

设计师想表达一个"外达内通"的概念，并认为这是源于戴安娜那深受人们爱戴的诸多品质和个性，如她的包容性、她的博爱。

"在她逝世那里我停止了阅读，"她说，"重要的是在她的生命里她是怎样一个人"（图 4-19）。

"为何她如此重要？我认为这是因为她是如此地包容，她内外并蓄，她是如此地博爱。她既愿意伸出双手，为那些有需要的人提供帮助；同时她又是一个单独的个体，具有自己隐忍而独立的一面。而这座喷泉的设计就是为了要反映这样的两个概念：既能够向外自由喷射又能够自如地回收。"Gustafson 阐释说，"一方面，可以将水流看作是一条自由流动的溪流，她不停地冒着泡泡，充满了生机和活力；而另一方面，水流又可以从那边到这边来回流动，充满了感性。"

椭圆轮廓的水流与其包含在内的植物和地形，也可以看作一个园林中的人工岛，提醒人们戴妃在奥尔索普小岛的安息之地（图 4-20）。

设计师认为开阔地形环抱的喷泉存在着一种力量，它不断地向周围扩散并吸引着人们来到这里，而多种肌理特征的石材和水中的喷头又使得喷泉具有诸多的特色（图 4-21）。

纪念喷泉的椭圆形的圆环形式、丰富的水景变化及其开敞式的空间布局使其能够和游人全方

图 4-18　纪念喷泉位于伦敦海德公园蛇形湖畔左岸
（引自：《海德公园中的水石项链戴安娜王妃纪念喷泉解析》）

图 4-19　设计概念图
（引自：http://zhan.renren.com/yuanlinziliao?gid=36749460921006262346&checked=true）

位地接触，更好地沟通交流。而其经过防滑处理的池底和变化的水面空间也使得孩童能够安全地、快乐地游戏其中，同时形式丰富的水景也使孩子们对自然界中的重要元素——水有了更进一步的认识（图 4-22、图 4-23）。

(2) 美国华盛顿越战纪念碑 (Vietnam Veterans Memorial)

越战纪念碑坐落于美国首都华盛顿广场的宪法花园（Constiution Garden）（Vietnam Veterans

Memorial，简称VVM）内，直译过来是"越战老兵纪念碑"。在美国，人们有时也用"墙"（The Wall）来称呼它，因为这座纪念碑是由两座呈"V"字形、以125°角切入地下的墙面组成。黑色墙面打磨得光可鉴人。两面墙从两边至中心逐渐陷入地下，越陷越深，直至越战纪念碑的中心点，即两面墙的交汇处。墙面的最高高度，即中心点处的高度大约为10.1英尺（图4-24、图4-25）。越战纪念碑的墙面上刻满了在越南战争当中死亡或者失踪的战士姓名。姓名按照士兵死亡或者失踪的时间顺序排列。在士兵姓名的后面带有菱形或者十字形的标志。菱形标志表示该士兵已经确定死亡；还有大约1150名士兵的姓名后面标有十字形标志，表示该士兵失踪或者被俘。如果他最终活着回来，就在十字形的上面加刻圆圈表示生命。如果该士兵的遗骸被发现或者下落被查明，就在其姓名的十字形上面加刻菱形（图4-26）。

越战纪念碑基金会于1980年10月举行越战纪念碑设计大赛，以"纪念所有在越南服役将士的牺牲和奉献"。越南战争曾给美国民众带来巨

图4-20　岛状的纪念园提醒人们戴妃在小岛的安息之地

（引自：http://zhan.renren.com/yuanlinziliao?gid=3674946092100626234&checked=true）

图4-21　水源处

图4-22　远眺纪念园

（引自：http://zhan.renren.com/yuanlinziliao?gid=3674946092100626234&checked=true）

图4-23　纪念园水景效果

（引自：http://blog.sina.com.cn/s/blog_6cfa09470100lfdl.html）

第 4 章 设计竞赛相关理论基础

图4-24　越战纪念碑全景

（引自：http://jishi.cntv.cn/program/gongzuofang/hujincao/20120305/100647.shtml）

图4-25　"V"字形展开的越战纪念碑

图4-26　墙上按牺牲的年代刻满了士兵的名字

（引自：《林璎——纪念碑传奇的创造者》）

图4-27　越战纪念碑仿佛一座精神的圣殿成为人们的朝圣和疗伤之所

（引自：http://gate.sinovision.net:82/gate/big5/news.sinovision.net/portal.php?mod=view&aid=137114）

大伤痛，基金会希望"纪念碑应该是调解的、超越战争的悲剧"。由于美国民众对于越战的评价与感受存在分歧，征集设计方案的启示当中特别强调不要有任何政治性的表态，有意"超越那些议题"。

这项设计竞赛引起了全美范围的热烈响应，总共有 1421 件设计图参与竞争。

获胜的设计者是当时仍在耶鲁大学建筑系就读的学生，年仅 21 岁的华裔女子林璎（Maya Ying Lin）。评审委员认为"这是一座与我们这个时代极相符的纪念碑。设计者创造了一个意味深长的地方，在那里，天、地及被纪念者的名字朴素相接，并为所有要了解这个地方的人提供了信息"。

尽管越战纪念碑在设计方案公布之初曾经引发巨大争议，结果却成为美国最受人欢迎、最受人们尊敬的公共建筑物之一。每年有超过 440 万观众前来参观。林璎设计的越战纪念碑仿佛一座精神的圣殿，成为人们的朝圣和疗伤之所。越战纪念碑举起了一面镜子，不仅映照出每个来访的观众，也映照出整个美国。越战纪念碑已经成为美国公共文化中不可或缺的一部分（图 4-27）。

4.2　生态主题

《管子·五行》中说："人与天调，然后天地之美生。"即人类的生产、生活要与自然界的阴阳时序保持协调，然后自然界才会有美好的事物产生，这体现了生态的思想。生态景观是有一定厚度的，是社会、经济、自然……各种生态系统复合而成的多维生态网络，这些构成要素共同形成了具有特色的景观环境，主要特性有：和谐性、整体性、多样性、可持续性。它强调过去、现在和未来发展的关联，以及天、地、人之间的融洽共生，不仅研究景观生态系统自身发生、发展和演化的规律特征，而且要探求合理利用、保护和管理景观的途径与措施。目前，应遵循系统整体优化、循环再生和区域分异的原则，为合理开发利用自然资源、不断提高生产力水平、保护与建设生态环境提供理论方法和科学依据；探求解决发展与保护、经济与生态之间的矛盾，促进生态经济持续发展的途径和措施。

随着人类物质文明的发展，自然资源日渐枯竭，保护和节约自然资本至关重要。大自然演变过程被城市化建设所遮掩，但是人与自然之间存在着天然的情感联系。生态绿色空间的设计与建设是一个必然的过程，将重新唤起人与生物共生的意识。生态化设计更是一种道德，提醒人类应当与自然和谐相处。景观设计中应利用本土物种和当地材料，来营造宜人的、实用的生态绿色空间，将对环境的破坏降到最低。

4.2.1 滨水景观

4.2.1.1 概念解读

滨水景观设计是指以水域（海、江、河、湖等）为中心，对沿岸的空间、设施、环境等所做的相关规划设计。城市的发展与水有着密切的联系，江河湖泊孕育了许多城市。人们最早对空间的规划仅仅局限于水利和防洪等的治理，随着城市开发的推动以及对城市规划研究的进一步深入，人们逐步认识到城市滨水区是城市生态系统的重要组成部分。它在提供水源和绿地、改善环境的同时，还具有旅游娱乐、交通运输、文化教育等众多功能，对城市的发展有重要的生态、经济和社会价值。

在保护生态环境及可持续发展的思想下，城市滨水区独特的地位正受到越来越普遍的关注，城市滨水区的复兴成为世界性的潮流。众多学者在此基础上从生态学的角度提出了植物修复、重构系统食物链、重建缓冲带及滨水绿化、实施生态护岸、增加物种重建群落等一些滨水生态恢复的途径。

4.2.1.2 案例分析——韩国首尔清溪川复兴改造

(1) 清溪川及周边地区的历史沿革

作为开放性的城市内河：清溪川位于韩国首都首尔市，最早称为"开川"，是600多年前朝鲜王朝时代，国王下令挖掘的一条疏导外围山地汇水的城市内河，后改名为"清溪川"，成为一条深深影响首尔市民生活和生计的河流（图4-28）。清溪川的两岸也成为人们举办正月十五灯节等传统民间活动的文化活动中心，形成各种民间文化市场。但是，清溪川在洪水季节也会经常泛滥，因此，朝鲜历代国王都很重视河道的疏通清理工作和防洪工程的建设。1760年，曾征募20万人治理清溪川，包括拓宽河道、清理河床、修建砌石护坡、裁弯取直等，并且设置了负责疏通河道的"浚川使"一职，每隔2～3年对河道进行一次疏浚。

被覆盖作为城市道路：在朝鲜王朝时代晚期，许多被迫卖掉农田的农民涌向首尔成为城市贫民。在清溪川两岸就居住了大量的贫民，他们在河边搭起了许多简易的棚户。随着居住人口尤其是贫穷人口的增多，清溪川沿岸居住环境越来越差。

图4-28 清溪川区位

（引自：https://www.asla.org/2009awards/091.html）

此外，水患一直是困扰着清溪川附近居民的大问题，而且在枯水期清溪川还会由于缺水造成河道污染。日益严重的污染使得清溪川沿河两岸疾病肆虐，周边的居民死亡率较高，清溪川甚至成了垃圾、污水、贫民窟和贫穷的象征。

当时，人们认为解决清溪川问题最简单的办法就是覆盖河道。1937—1942年日本统治时期，清溪川在历史上第一次被覆盖，以解决洪水问题以及作为排水系统存在的环境污染等方面的问题。后来，清溪川的覆盖工程曾经由于缺少资金而停滞下来。1958年伴随着首尔市的重建，清溪川覆盖工程又重新上马。到1978年，覆盖工程完成，清溪川在没有经过治理的情况下被水泥板所覆盖。

道路上修建高架桥：20世纪70年代，韩国经济开始起飞，首尔政府为了解决交通问题，提高城市中心区的道路通行能力，在被覆盖的清溪川上又修建了高架桥，成为横贯首尔东西的交通主干道，被认为是韩国城市现代化的象征。

然而，高架桥的修建在提高城市交通运输能力的同时也带来许多问题，如桥上的噪声、汽车尾气以及扬起的灰尘对周边地区产生了严重污染，而且高架桥的巨大体量也破坏了首尔传统的街道结构，切断了城市中心区内部的联系。

重新恢复作为内河：进入21世纪，韩国粗放式的快速发展阶段已经过去，2003年，在提升首尔作为国际大都会的品位和吸引力的目标引导下，首尔市政府开始实施清溪川内河的生态恢复以及周边环境的改造工程。整个清溪川复兴改造工程历时两年多，拆除了5.8km的清溪川路和覆盖在上面已经年久失修的高架桥，修建了滨水生态景观及休闲游憩空间，有清洁流水的清溪川作为内河重新出现在首尔市民的生活中。

(2)清溪川复兴项目面临的主要问题和解决对策

清溪川复兴项目在拆除覆盖在清溪川水体上的路面结构以及高架桥后，面临的主要是水体复原的问题。首先建设了新的独立污水系统，对原来流入清溪川的生活污水进行隔离处理。

此外，还要解决水源的问题，没有水源，清溪川将常年处于干涸状态，但是如果全面恢复历

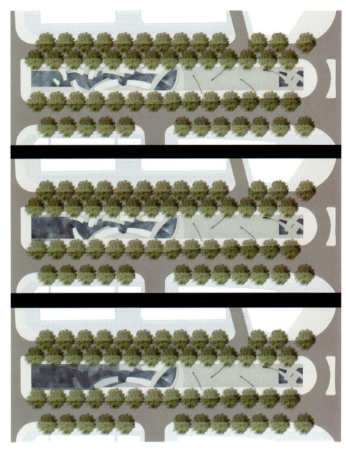

图4-29 清溪川雨洪管理策略分析

（引自：https://www.asla.org/2009awards/091.html）

史上的天然水系，由于涉及区域过大和造价过高，实施的可能性不大。为了保证清溪川一年四季流水不断，最终采用3种方式向清溪川河道提供水源。第一种方式是抽取经处理的汉江水；第二种方式是取地下水和雨水，由专门设立的水处理厂提供；第三种方式是中水利用，但只作为应急条件下的供水方式。

重建的清溪川泄洪能力设计为可抵御200年一遇的洪水。整体河道整治分为3段：西部上游河段河道两岸采用花岗岩石板铺砌成亲水平台，河段断面较窄，一般不超过25m，坡度略陡。中部河段为过渡段，河道南岸以块石和植草的护坡方式为主，北岸修建连续的亲水平台，设有喷泉。相对于西部和中部河道设计的人工化，东部河段河道的改造以自然河道为主，河道宽度为40m左右，坡度较缓，设有亲水平台和过河石级，两岸多采用自然化的生

态植被,选择本地植物种类(图4-29)。

河道整体设计为复式断面,分为2～3个台阶,人行道贴近水面,达到亲水的目的,其高程也是河道设计最高水位,中间台阶一般为河岸,最上面一个台阶即为永久车道路面。

此外,河道整治注重营造生物栖息空间,增加生物的多样性。如建设湿地,确保鱼类、两栖类、鸟类的栖息空间,建设生态岸丘为鸟类提供食物源及休息场所,建造鱼道用作鱼类避难及产卵场所等(图4-30、图4-31)。

(3)清溪川复兴改造的启示

清溪川的复兴改造极大地降低了首尔市中心高架桥带来的噪声和空气污染,而且还减少了热岛效应,清溪川进行通水试验时,其平均气温要比首尔低3.6℃。而在复原前,高架桥一带的气温比首尔的平均气温高5℃以上。随着清溪川的开通,过去曾是高架道路或地面公路的地方,已形成了冷空气移动的水边风路,平均风速有不同程度的提高,空气质量得到了明显的改善。此外,清溪川的河床是由南瓜石、河卵石、大粒沙构成,能很快恢复为河川,自净能力也非常强。由雨水、地下水和抽取的汉江水形成的清溪川水系则有利于鱼类的生存。复兴改造工程注重营造生物栖息空间,建设沼泽地、鸟类和鱼类栖息地、浅水滩和池塘等,增加了生物的多样性,重新营造的清溪川自然生态系统中已经有了包括鱼类在内的多种水生物及鸟类栖息。

促进城市内部的均衡发展:在首尔,以汉江为界,分为江南和江北两部分城区。依托举办1988年奥运会的契机,江南地区进行了大规模的建设,建成了基础设施和建筑环境较为现代化的新城区,而江北地区尤其是清溪川周边地区城市建设一直较为落后,南北相比差异较为明显。清溪川的复兴改造推动了江北城区的改造,工程还在建设期间,周边的房地产就开始升值,改造工程结束后,良好的生态环境和滨水空间环境对江北城区建设和改造产生了极大的拉动效应,为周边地区整合成为国际金融商务中心、尖端情报和高附加值产业地区提供了条件。随着江北城区开

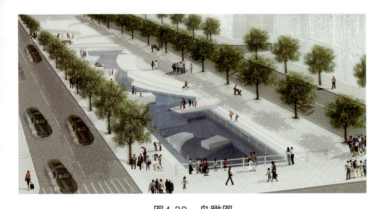

图4-30 鸟瞰图

(引自:https://www.asla.org/2009awards/091.html)

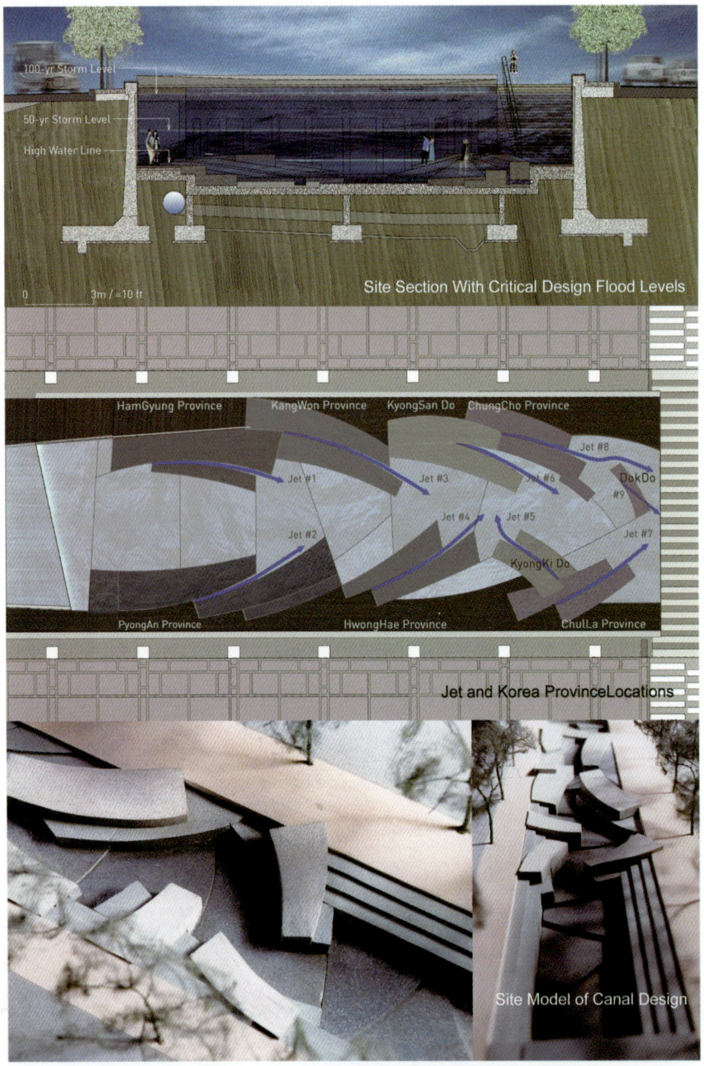

图4-31 清溪川设计剖面模型

(引自:https://www.asla.org/2009awards/091.html)

发力度增强,成长潜力不断提高,首尔市进一步实现了内部的均衡发展,城市中心区经济活力和国际竞争力也得到了提升。

(4)清溪川复兴改造后存在的问题

首先是生态恢复方面的问题。参与清溪川整治工程规划的专家均认为工程对于河川生态和永续经营等问题考虑不足,因而清溪川是一条没有生命的人工排水道,其水面宽度较窄,水深只有30～40cm,且流速很慢,在夏季仍有可能变臭。河床底部和两侧都铺了防渗层,对于鱼虾等生物的生长不利,从长远而言,也不利于可持续发展。

其次是日常维护方面的问题。由于清溪川80%的水均由汉江抽取而来,是人造的自然景观,需要经常性的人工维护,因此开支较高。

第三是历史文化发掘方面的问题。清溪川地区有着600多年的历史,应该有大量的历史文物遗迹残留在河道周遭,需要时间慢慢挖掘整理,然而在两年多的时间内完工,因此使得改造工程中对历史文化的发掘并不十分充分,这一点也受到不少专业人士的质疑(图4-32、图4-33)。

海滨公园是设计师对于可持续环境设计手法的一大尝试,这同样也是对生态景观的追求以及墨尔本景观设计的发展方向。

公园展现了一系列优美独特的地形:两块起伏的草地梯田、一片倾斜坡面以及一片高高的金字塔形地块。用港口地区一些湿地等的整治过程中获得的废弃物及土壤,堆砌出了这些奇特的地形。这些地形还包含了灌溉绿地等,是整个公园的生态系统的重要组成部分,能够吸收来自于公园、周围道路以及海港游憩场周边 $7hm^2$ 的集水处的降水。经过净化处理的水通过湿地流入地下贮水处,可以作草地灌溉之用。

4.2.2 绿色基础设施

4.2.2.1 概念解读

由于人口增加、城市扩张、农村城镇化进程加速,以及经济率先发达地区城市群的逐渐形成,人类聚居区扩大,乡野和自然区域收缩,生态孤

图4-32 改造后的清溪川河道景观(1)

(引自:https://www.asla.org/2009awards/091.html)

图4-33 改造后的清溪川河道景观(2)

(引自:https://www.asla.org/2009awards/091.html)

岛或绿色斑块状态逐渐形成。自然的生态过程受到阻碍,人居环境不断恶化,对生态安全提出了重大挑战。一方面,湿地大片消失,自然森林缩小,物种数量锐减,生物多样性下降,大大改变了自然生态系统的功能,全球气候也因此发生变化,向不可遏制的全球变暖方向加速发展;另一方面,随着土地用途的变迁和大规模房地产开发的推进,自然生态系统应对短期灾害天气的能力降低了,这其中包括控制洪水、调节雨量、过滤污染等,从而加大了洪涝、干旱等自然灾害的风险,增加了社区减灾费用。

在此背景下,绿色基础设施的概念应运而生。1999年,美国自然保护基金会与农业部林务局联合组建了由政府机构和非政府组织组成的工作组,

制订了一项计划，以帮助把生态系统恢复和可持续发展目标纳入州、地区和地方的计划和政策之中。该工作组首先提出了绿色基础设施的定义：绿色基础设施是国家自然生命支持系统的互通网络，包括水道、湿地、林地、野生动物生境及其他自然区，绿色通道、公园及其他保护区，种植场、牧场、森林荒野及其他空地，由各种开放空间和自然区域组成，包括绿道、湿地、雨水花园、森林、乡土植被等，这些要素组成一个相互联系、有机统一的网络系统。该系统可为野生动物迁徙和生态过程提供起点和终点，系统自身可以自然地管理暴雨，减少洪水的危害，改善水的质量，节约城市管理成本。绿色基础设施的概念一经提出，就受到美国政府的高度重视，把它确定为可持续发展的重要战略之一。绿色基础设施与自然保护区有很大的区别。首先，它是以较为主动的方式去建设、管理、维护、恢复，甚至重建绿色空间网络，而不是被动地保留、隔绝；其次，它是从维护生态安全出发，突出自然环境的"生命支撑"功能，建立系统性生态功能网络结构，实现可持续发展。同时，它也体现了人类平等对待大自然，敬畏大自然，与之和谐相处、共同生息的态度。

(1)绿色基础设施生态节点

根据绿色基础设施的理念，良好稳定的自然生态系统必然是一个具有"链接环节"的网络系统，并包含各种天然、人工的生态元素与风景要素。链接环节是这个网络系统构建的关键，它将整个系统紧密地连接起来，使绿色生态网络得以正常运转，使"绿地网"发挥整体生态作用：一是通过保护和连接分散的绿地，为人们提供休息、健康、审美等服务；二是通过保护和连接自然区域，维系生物多样性和避免生境的破碎。

在空间上，绿色基础设施的网络是由生态节点与连接廊道组成，是天然与人工绿色空间相互联系的系统。生态节点主要由传统意义上的自然保护地组成，是绿色基础设施的起点和终点，并为野生动物生长或途径提供栖息地。

主要的生态节点包括：重要的生态保护地，尤其是处于原生状态的保护地，如自然保护区、湿地等；具有自然和娱乐价值的风景区，如森林公园、湿地公园等；绿色的农林业生产场地，如农田、森林、林场等；提供娱乐的自然场地，如公园、运动场和高尔夫球场等；可重新修复或开垦的循环土地，如矿地、垃圾填埋场等。

(2)绿色基础设施生态廊道

连接廊道用来连接生态节点，即将公园、自然遗留地、湿地、岸线进行策略性衔接，形成网络结构，维持生态过程，保证野生动物种群健康发展，发挥整体生态功效。主要有3种类型：一是保护走廊，包括自然山体、森林和河流、溪流等，以维护和强化整体山水格局，维护和恢复河道、湖海岸的自然形态；二是绿带，包括沿河渠林带、沿路林带和防护林带，以连接受保护的自然土地或生产性风景，形成生态和景观廊道，保护自然生态过程；三是风景连接，除了保护当地生态之外，还包含各种文化元素，它们是森林公园、城市公园、湿地公园、风景名胜区及重要文化景观相互联系的纽带，其最重要的作用是能够使步行者沿着通道进入风景区。

在形态上，城市群正在由原来郊野和自然区域包围的点状城市的格局逐渐向相反方向转变——郊野和自然区域正变成一个个孤立的点。应对这种问题，单靠提高城市建成区的绿量，在郊外建立几个森林公园、湿地公园和自然保护区，是无法改变这种环境变化格局的。为此，绿色基础设施的理念提供了清晰的思路：跨越行政地缘界线，将城市、郊区、荒野自然连贯起来，创建一个和谐、城乡一体化的绿色框架网络。具体来说，包括水源涵养、雨洪水管理、提供生物栖息地、缓解热岛效应、休闲游憩等。其核心是维持自然的生态过程，维护区域整体山水格局和大地机体的连续性和完整性，保护空气和水资源，使之有利于健康高质量的生活。

4.2.2.2 案例分析

(1)美国西雅图高速公路公园

美国西雅图高速公路公园（Seattle Freeway Park），是美国历史上第一个在穿越城市的高速公路上空建立的城市公园，也是美国历史上最大胆、最引人注目的城市景观设计作品。该项目被描述为"连接了被高速公路四分五裂的城市空间，是大城市系统的主要活力因素"。它非常清晰地阐明了高速公路、城市、人和自然整合为一的有机关系，对城市设计研究和城市形象营造有着重大贡献。美国西雅图5号州际公路（I-5）如同一个干涸的钢筋混凝土河床，从南至北穿越城市，它污染和分割了城市及其空间环境，破坏了城市整体的审美需求，直接地损害了与其相邻的第一山（First Hill）周边居民与市区中心的联系。

为了整合城市空间，最大限度地减少5号州际公路对城市空间及其环境的影响，劳伦斯·哈普林工作室（Lawrence Halprin's Office）创造性地提出了"空中绿洲"的设计理念，设计和营建了西雅图高速公路公园。公园建立在市中心5号州际公路公路产权用地上，围绕5号州际公路蜿蜒布置，用地长约400m，宽18~120m不等，总占地面积约2.2hm²。高速公路公园重新定义了美国西雅图5号州际公路的灰空间，连接了被州际公路一分为二的周边地区，建立了一个城市空中绿洲（图4-34）。

西雅图高速公路公园创建了一个便于居民通行的高速公路上空的空中连廊，非常有效地整合了第一山周边的城市空间；同时减弱了高速公路的噪音，大大改善了公园周边的环境，促进了周边地区的经济发展。自1976年7月4日西雅图立市200周年纪念日暨西雅图高速公路公园开幕仪式之后，高速公路公园迅速成为了展示西雅图城市活力的重要场所，还带来了公园周边区域可观的经济增长，其中包括1254间酒店客房、160个住宅单位、20万 m²的办公和零售业空间、3300个停车位的建设（图4-35、图4-36）。

任何城市与景观设计作品，都是一个特定的时空地段和社会需求的产物。西雅图高速公路公园成功地表达和满足了这种社会愿望。但随着时间的迁移，城市格局和公众利益均会产生一定的变化，这不仅需要设计师高瞻远瞩和灵活多变的设计，更依赖公园的管理者能够与时俱进地应对这些变化。高速公路公园建成初期虽人声鼎沸，但中期也曾因管理不善和缺少适时的维护更新而

图4-34　高速公路公园总平面图

（引自：http://dididadidi.com/structure/201407/140433965625685.html）

图4-35 公园景观空间局部
（引自：http://dididadidi.com/structure/201407/140433965625685.html）

图4-36 公园中的大跌水瀑布
（引自：http://dididadidi.com/structure/201407/140433965625685.html）

出现过门庭冷落的局面。后来，西雅图高速公路公园在探索如何有效管理园区的过程中，采取了社区的服务、管理与维护模式，确保了公园良好而持续地发展。根据西雅图公园娱乐管理部门公共空间项目管理处的一份详细报告，高速公路公园在保持公园原有特色和设计的前提下，按照增加社区活动场所、对接社区安全管理、节约资源等原则，对高速公路公园进行了适时的更新与维护。

4.2.3 绿道规划

4.2.3.1 概念解读

"绿道"具体的起源已不可考，一种说法是在1959年由威廉·怀特（William H. Whyte）提出。直至1987年，当代最为广泛接受的绿道定义出现在美国户外运动主任委员会（President's Commission on Americans' Outdoor）的报告中，绿道网络被解释为："为人们前往居住地附近的开放空间提供路径，联系城市和乡村空间，并将其串联成一个巨大的循环系统"。

关于绿道的一组比较全面的定义是由查尔斯·列特尔（Charles Little）提出的，他在1990年的经典著作《美国绿道》（Greenways for America）中把绿道定义为："一条沿着自然廊道（如河岸、溪谷或山脊线）或转变为游憩用途的铁路沿线、运河、风景道或其他线路的线性开放空间；任何为步行或自行车设立的自然或景观道；将城市公园、自然保护区、历史文化景观和居住区相连接的开放空间连接体；从局部来说，是被设计成林荫大道或者绿带的某种带状或线性公园。"

另一个广受认可的定义来自杰克·艾亨（Jack Ahern），他在1996年出版的《绿道：一场国际运动的开始》一书中提出了绿道的新定义："绿道是由线性要素组成的土地网络，经精心规划、设计及管理，能实现生态、娱乐、文化、美学及其他与可持续土地利用相适应的多重目标。"该定义更加精炼，将绿道的概念推向了一个新的高度。他除了强调绿道的线性特征、多功能性，还提出绿道在土地利用方面的重要意义，满足可持续的土地利用战略要求。

①绿道在西方产生的发展历史　奥姆斯特德在1865年提出的"公园道"（parkway）概念是现代绿道的基础。奥姆斯特德意识到单独的公园很难带给人们全部自然界的感受，于是在1887年他大胆地将一系列公园连接在一起，使得"波士顿翡翠项链"成为全美历史最悠久的公园系统之一。全美范围内的许多地区都开始强调保护和连接开放空间，比较著名的有克利夫兰（W.S.Cleveland）和西奥多沃斯（Theodre Wirth）在1890年做的明尼阿波利斯公园体系规划，这是一个由93km的公园道以及公园和林荫道连接而成的网络。同时，欧洲也认识到保护城市环境中绿色开放空间的好处。由城市规划师霍华德（Howard）提出的"园林城市"（Garden Cities）的理念，就关注了平衡发展和自然需求的重要性。他为英国维多利亚做的规划除了农业绿带环绕城镇以外，更是规划了约36m、种植树木和灌木的林荫道。

由此可见，早期"公园道"已经呈现出沿河流、道路等线性空间分布的形态特征。其线型通常是和地形相结合的自然曲线，形成线性的自然风景式公园，起到连接大型公园和休闲空间的绿色走廊功能。在功能上以连通性与审美休闲的价值为主，而生态价值方面，还仅仅局限在增加市民接近自然环境的机会上。

绿道名称的提出：在奥姆斯特德等先驱的"公园道"运动后，随着自行车隔离道的普及，人们开始提议建造与机动车道完全分离的慢行路径，尤其是沿着那些被遗忘和废弃的河流及铁路廊道，这些水系和路径被重新开发成绿道。此后，该运动横扫北美大大小小的城市，创造出了一系列的游步道和绿道走廊（Searn，2009）。"绿道"一词在20世纪60年代才流行起来，被用作描述开放空间的廊道。1974年建成的普拉特河绿道是最早以"绿道"命名的项目。普拉特绿道途经丹佛市中心，长达16km。它将长期被忽视的河岸绿色空间串联了起来，是首个大型城市绿道。

绿道理念的建立：20世纪80年代，有两大事件成为了推动绿道运动的里程碑：一是1987年保护基金启动美国绿道计划（The America Greenway Program），在全美范围推进和支持绿道概念；二是列特尔的《美国绿道》出版，该书提供了全面的视角解读绿道，并且对16个绿道项目进行总结，对绿道的发展影响深远。

美国第一个大尺度的绿道规划项目出现在1990年，马里兰州启动了州域范围的绿道项目计划。紧接着，在1994年，佛罗里达州也宣布将建立州域绿道系统，把现存的开放空间、保留地、游憩步道以及生产性景观相连接。佛罗里达绿道委员会草拟的GIS地图，分别描述了州域范围的生态网络系统及文化休闲网络，将绿道规划置于更科学的地位，也反映出逐渐丰富的绿道理论很好地指导了实践——其多功能性得以展现。同时，越来越多的国家也参与到绿道的建设中去，如日本、新加坡、葡萄牙、荷兰等。

从20世纪80年代起，绿道的功能已经超出了娱乐、审美，逐渐成为了具有多重功能的绿色基础设施。更加强调绿道应对诸如生境破碎化等人类活动对自然环境破坏的挑战，同时也兼顾了历史文化遗产的保护。其作用包括野生生境保护、水土保持、水源保护、历史文化保护、环境美化、休闲游憩等多种功能和类型，以适应不同的国家和地区的不同需要，使其发挥更重要的作用。

②绿道的特征　绿道从绿色基础设施、景观生态学等现代景观规划理论中获得理论源泉，形成了一套自身的类型学特征。

线性：线性是绿道的最基本的空间形态特征。该特征是绿道其他特性包括连通性、可及性等的基础。

绿道通常与河岸、山脊、道路等线性要素密切相关，而这些区域通常也是文化景观的聚集区。古往今来，河流流域、交通要道等地都是人类文明发展最集中的地区，由此可以推断在任何文化背景和自然条件下，自然及历史文化资源都趋向于沿着某条廊道集中分布，这是支持绿道对保护和联系自然及文化资源有特殊效用的主要论点之一。

线性的绿道能够显示3个方面的优势：第一，在空间利用率上，绿道节约土地的优势十分突出。它占用最少的土地就可以达到资源保护的目的。第二，是连接度的好处，如果绿道的线路选取在"环境廊道"上，那么这种连续性将对该廊道途径的区域都产生正面的影响，形成资源、社会、经济的良性循环。第三，线型的空间虽然没有面状的自然保护区那么集中和广阔，但是延展性潜力很大，从另一种角度覆盖了更大的区域，在更为广阔的范围内发挥作用，因此其可达性要超过其他空间形式的开放空间。

连通性：在景观生态学中，连通性（connectivity）是指景观要素在空间结构上的联系。许多景观过程的功能和可持续性都取决于连通性。连通性是自然界的本质特征之一，很多物种都需要一个连续的、自然相连的生境来方便它们的迁徙。随着当代的城市化景观破碎化已越来越严重，城市扩张不仅隔离生境，还带来快速道等人工屏障，使得自然生态的天然物质循环和生态联系被阻隔。因此，景观的连通性变得极其重要，作为绿道的最基本的特性和优势，它通过临近、接近或者功能连接来促进和支持特定过程和景观功能。

除了对生态保护的作用，连通性还在交通、休闲偏好等方面表现出优势。在城市中连续完整的慢行系统，是对自行车和步行的出行方式的最大推动和鼓励，这在一定程度上缓解了交通压力并减少机动车的碳排放。同时，人们在日常通勤中就获得休憩和锻炼的机会，从多方面促进了城市环境的改善以及市民的身体健康。

多功能性：绿道可以在一个有限的空间内提供多重功能，这些功能通过合理的规划、设计和管理，能够相互兼容和促进。因此，"相容性"是绿道多功能的实现保障。以河流为例，一个生态健康且受到保护的河岸区通常具有水土保持、抑制洪水及观光游憩的功能。在一年的大多数时间内，这些功能之间具有内在相容性。只有在夏季洪泛时节，才会偶尔发生中断。但相容性也要根据实际条件做出选择和判断，多功能并不意味功能越多越好。

绿道的多功能性除了能带来功能多样的直接好处外，还有一些潜在的优势：如能促进地区经济的发展。绿道能够吸引商机与游客，旅游业繁荣能够刺激消费、促进投资、增加税收。同时绿道改善了地区的环境，为周边土地带来了升值的空间。

③绿道的分类　利特尔（Little）从功能及所处环境将绿道分为5类：滨河绿道、游憩性绿道、景观及历史线路、自然生态廊道、绿道系统或网络（Little，1996）。

法布士（Fabos）将绿道划分为3种类型：生态型（ecological greenways）、游憩型（recreational greenway）、历史文化型（cultural and historic greenwys）。

埃亨（Ahern）也依据绿道的不同功能将其分为：保护生物多样型、水资源型、游憩型、历史文化资源型、城市控制型5类。同时又按绿道景观背景受人工干扰的程度分为保护、防御、进攻、机会4种策略。

④绿道的规划层次　绿道按照规模和范围划分，可以分为国土级绿道、区域级绿道、城市级绿道。越高等级的绿道代表着越大的区域范围和土地面积，国土级和区域级绿道通常具有国家和政治导向，其实施和管理通常都依赖于低级别绿道的支持。

国土级绿道：国土级绿道是指在国土尺度上（>100 000km^2）的绿道及绿色空间网络。这一尺度上绿道可以涵盖大部分的自然山形水系以及人类活动形成的文化线路、遗产廊道，它们共同组成一个大型生态网络。如长江、黄河、秦岭、京杭大运河、长城、茶马古道、丝绸之路等，这些大尺度的线型景观通常跨越多个地区，既有自然景观又有文化景观，丰富的景观类型反映了各个历史时期的社会、经济和文化发展动态特征，体现了人类景观和文明的整体性和延续性。国土级绿道对一个国家的历史文化、生态环境、旅游休闲、社会经济等都有重大影响，在国外已经有不少类似尺度的绿道规划，如美国绿道规划、欧洲生态网络等。

区域级绿道：区域级绿道是在区域尺度上（10 000~100 000km^2）的绿道及绿色空间网络。这一层次的绿道在我国通常是以省或特定的地区为单位，相对于国土级绿道更容易统筹规划。例如，我国的珠三角地区绿道，研究主要针对珠三角区域范围内对生态格局有重要影响的开放空间，区域绿道在对它们建立连接和保护体系的同时，也串联了城市与城市、城市与乡镇，形成一个区域的绿色空间网络。同时，该类型的绿道还可以与我国的风景名胜区规划结合，串联风景区内各个景点，保护与开发相结合，形成线性的自然和文化景观体验。美国的佛罗里达州绿道、马里兰州绿道、新英格兰绿道等都属于这个尺度。

城市级绿道：城市级绿道是指在城市尺度上（100~10 000km^2）的绿道及绿色空间网络。城市级绿道规划类似于我国的城市绿地系统规划，但更强调线性的开放空间部分，包括城市的空间序列、景观轴线、城市干道、防护绿带、河流水岸等。这一尺度的绿道往往与城市的肌理和结构密切相关，可以与绿地系统规划互为补充，将城市区域内的各个重要开放空间联系和组织起来，形成一个城市范围的绿色空间网络。相对于上两个层次的绿道，城市级绿道更强调研究城市的开放空间结构，令城市中各个功能组团有序整合和有机联系。同时还要考虑市民的使用问题，因此，城市绿道还需强调游憩功能与慢行系统功能。

同时，对于一些面积广大、人口众多的大都市，城市级绿道还可细分为多个场所绿道——在城市各功能组团尺度上的绿道及绿色空间。在这个尺度上，包括公园、住宅区、校园、厂区中的各类开放空间，如美国普拉特河绿道的发展历程就是一个很好的例子：从规模有限的滨河示范段开始，发展到城市各个社区和开发商的参与建设，最后才成为了一种联系全市的生态游憩网络。如果没有各个地区的积极响应，很难形成生态保护和投资开发的良性循环，完整的绿道网络更是无法实现。因此，城市各片区、组团的绿道在绿道推广中发挥着重要作用。

城市绿道具有一些自身的特性 区位上，位于城市规划区内，包括整个城市或部分城区范围在内。形态上，为线性或网状，沿着城市的自然或人工线性空间分布，具有较长的连通性和较强的可达性。交通方式上，以步行、自行车等慢行交通方式为主，连接城市中主要的自然或人文开放空间。功能上，以维护城市自然生态格局及提供居民休闲游憩场所为主要导向，是集慢行交通、历史文化保护、经济发展等多重目标、多重功能于一体的绿色开放空间系统。

城市绿道与下列城市线性空间有混淆的可能：公园路、景观大道、人行道、慢车道、带状公园、防护隔离带。值得注意的是，这些概念在经过系统地规划设计后，都能成为城市绿道的重要组成部分。

4.2.3.2 案例分析

(1)美国纽约高线公园（The High Line in New York City）

①高线历史 高线穿越了美国工业社会时期纽约曼哈顿西区最具活力的工业区：肉类加工街区（Meatpacking）、西切尔西街区（West Chelsea）和克林顿街区（Clinton）。在高线建设之前，该工业区地面交通的铁轨和街道交叉口经常发生交通事故，导致穿越该区的第十大道也因此得名为"死亡之街"。为了解决该地区的交通问题，纽约市、纽约州政府和纽约中央铁路局于1929年一致通过了西区促进计划（The West Slide Improvement Project），高线成为其中重要的建设项目，并于1934年建成投入使用。

②高线蜕变

基地分析：高线由于年久失修，呈现出一

图4-37　高线周边土地利用现状图
（引自：《都市新景观纽约高线公园》）

既符合公众利益，又能促进临近社区发展。同时要求改造工程必须延续高线的历史文脉，主要包括已经废弃的铁轨和在高线上生长的动植物。在综合分析基地现状和考虑各方面的建议之后，风景园林师展开了高线公园的景观设计工作。

设计策略：结合高线周边的土地利用现状（图4-37），风景园林师旨在将这条曾经非常重要的城市运输线转变成后工业时代的休闲空间，创造"高线之美"。因此，风景园林师采取了"植—筑"的设计策略，通过改变公园步行道与植被的常规布局模式，将有机栽培与铺装材料按不断变化的比例关系结合起来，创造多样化的空间体验。新"高线"景观独特的线性体验，显得悠然自得、超脱世俗。在保留基地的历史和野性的同时，体现出一个新型公共开放空间所应具有的功能性和大众性。"植—筑"概念是整个设计策略的基础——地面铺装和种植设计的策略呈现出软硬表面不断变化的比例关系（图4-38），从高使用率区域（100%硬质铺地）过渡到丰富的植栽环境（100%软质绿化），为使用者提供了丰富的空间体验。

风景园林师在设计过程当中，一直致力于尊重高线的场地特性：它的单一性和线性，它简单明了的实用性，它的草地、灌木丛、藤蔓、苔藓和花卉等野生植被与道砟、铁轨和混凝土的融合性。最终，风景园林师从3个层面提出了高线公园的设计方案：第一个层面是铺装系统，将条状混凝土板作为基本单元，靠近植栽的接缝处被特别设计成锥形，植物可以从坚硬的混凝土板之间生长出来。植物的选择和设计不同于传统的整形式园林，而是呈现出野性的生机与活力，再现了场地自身的环境特点和浅根性植物的特性。第二个层面是让一切放缓，营造出一种时空无限延展的轻松氛围，使游客放缓脚步流连其间。第三个层面是尺度的精心处理，尽量避免当前追求大而醒目的趋势，而采用一种更加微妙灵活的手段。最终，结合公共空间的层叠交错，沿着一条简洁有致的路线呈现出不同的景观空间，让游客沿途领略曼哈顿和哈德逊河的旖旎风光（图4-39、图4-40）。

副破败的景象。在决定将高线改造成为城市公园之前，"高线之友"已经邀请了保护与结构专家对高线的主体钢架结构进行了仔细的测试，结果表明：经过修复之后，高线的主体钢架结构仍然可以继续利用，并且能够满足改造公园所需的结构要求。在进行工程建设之前，"高线之友"组织了4次公众参与的讨论，集合了政府、私人团体和邻近社区居民的综合建议，一致认为：高线改造是纽约市不可替代的发展机会，施工概要：高线公园的施工主要分为3个步骤。第一步是清除工作。为了测试和修补高线原有的钢架结构，必须清除高线结构上的所有废弃材料，包括钢轨、道砟、土壤、残骸和混凝土层。在清除过程当中，每一段高线原有的铁轨都被编号并加以保留，之后大部分被保留的铁轨将在景观施工过程中被安放到原有位置，并与植物组合在一起。第二步是基地准备工作。在清除高线钢架结构上的废弃材料之后，要对高线原有的钢架结构表面进行喷砂处理，清除原有结构表面的铅涂料，然后在表面重新涂上3层保护材料，最外面一层涂料的颜色接近高线原有的颜色。同时，高线原有的艺术装饰风格的栏杆也被修复，破坏的部分将按照原有的设计重新修复。当然，基地的准备工作还包括在高线下面增加斜向的横梁构架，以避免鸽子在高线下筑巢。最后，在修复后的钢架结构上增加新的给排水系统和防水的混凝土层。第三步是景观施工，也就是公园景观的建设。首先，由风景园林师设计的平坦的和锥形的条状混凝土块组成的公园硬质铺地将会以架空的形式安放在防水混凝土层上面，架空的主要目的是为排水和电路系统提供空间。另外，大部分被保留的铁轨重新安放到原来的位置。其次，建设楼梯和电梯出入口，方便游客从街道进入高线，甚至有的高线铁轨中央的横梁被部分移除，以便能使楼梯从地面人行道直接连到高线公园。然后，开始安装公园的夜景照明系统。接下来，植栽区会在防水混凝土层之上铺设一层渗水材料后进行填土工作，填土之后就开始植物栽培。最后，经过一段时间精心的人工养护之后，公园将正式对外开放（图4-41至图4-44）。

(2) 广东珠三角绿道网规划

①谋划——宜居城乡建设道路上15

图4-38 铺装与植物比例空间分析图

（引自：http://photo.zhulong.com/）

图4-39 高线公园鸟瞰

（引自：http://photo.zhulong.com/）

图4-40 高线公园呈现的软硬表面不断变化的效果

（引自：http://photo.zhulong.com/）

图4-41 甘瑟弗尔眺望台
（引自：http://photo.zhulong.com/）

图4-42 日光甲板广场
（引自：http://photo.zhulong.com/）

图4-43 第十大道下沉广场
（引自：http://photo.zhulong.com/）

图4-44 公共艺术作品
（引自：http://photo.zhulong.com/）

年的尝试与突破　改革开放以来，珠三角地区创造了经济发展的奇迹，成为我国城镇化水平最高、开发建设强度最大的城镇密集地区之一，但随之而来的是环境污染、城乡建设无序等一系列问题，城市中林立的高楼、淡漠的邻里关系，使人们越来越期望能够"逃离都市"，追求"田园生活"，同时乡村地区亦陷入了缺乏发展动力的困局。为应对这一困境，广东从1994年开始，在宜居城乡建设方面进行了大量卓有成效的探索。生态敏感区——将规划视野从建设用地拓展至非建设用地：1994年编制的《珠三角城市群协调发展规划》为应对社会经济迅速增长、城乡建设一拥而上可能带来的对生态环境的冲击，在国内率先提出

了"生态敏感区"的概念，首次将规划关注的重点从建设用地拓展至非建设用地，也是首个将控制生态绿地的理念引入国内的区域规划。

区域绿地——对具有区域影响的绿色开敞地区进行长久保护的立法尝试：2001年《广东省区域绿地规划指引》从技术规范层面创新性提出了"区域绿地"概念，并开始了对具有重大自然、人文价值和区域影响的绿色开敞地区进行长久性严格保护的尝试；2006年《广东省珠江三角洲城镇群协调发展规划实施条例》则以省立法规的形式明确"区域绿地"的法律地位，再次强化了控制生态绿地的理念，以坚守珠三角自然生态"底线"（图4-45）。

珠三角绿道——变"消极死守"为"在发展中保护，在保护中发展"：2008年国际金融危机的巨大影响，再次唤醒了广东发展转型的急迫性。由此，创造性地将建设宜居城乡提到与建设现代产业体系同样的高度，列为广东推动科学发展的两大任务之一。2009年出台的《中共广东省委办公厅广东省人民政府办公厅关于建设宜居城乡的实施意见》则进一步明确提出：维护区域生态安全，编制省立公园——珠江三角洲绿道建设规划（图4-46）。

绿道能够将城市内部的公园、绿地等开放空间与外部的自然保护区、风景名胜区等区域绿地串联起来，形成集生态保护与生活休闲于一体的绿色开放空间网络，在改善生态环境的同时为居民提供户外活动空间，将极大促进宜居城乡建设。自此，广东生态保护思路由以前的"控"向现在的"融"转变，由以前的"消极死守"向现在的"在发展中保护，在保护中发展"转变，以实现生态保护与城乡建设的平衡、城乡发展与人的和谐。

②实践规划—建设—管理—运营全过程的探索与创新

绿道线路"网络化"——形成连通度高、覆盖面广的区域开敞空间体系：

● 连通度高，实现城乡之间、城际之间绿廊的生态串联连通性决定着绿道使用效率的高低及综合效益的发挥。物种的传播、复合种群的多样性以及人在绿道上的交通等功能都需要连通性，因此，珠三角绿道在规划之初就非常重视"成网"

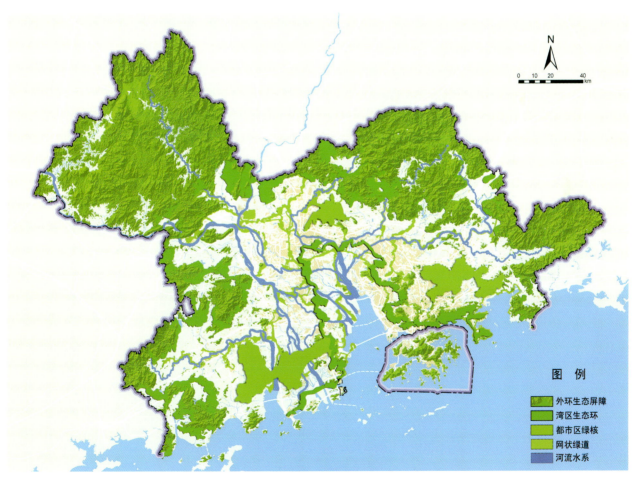

图4-45　珠三角区域绿道图(1)

（引自：《珠江三角洲城乡规划一体化规划（2009—2020年）》）

图4-46 珠三角区域绿道图(2)

(引自：《珠三角绿道网规划建设实践与实施成效》)

布局。总长2254km的6条省立绿道通过18处城际交界面连通了珠三角9个市（图4-47），并将农村与城镇、重要的景观节点联系起来，方便居民自由地进入周边的绿色开放空间，享受大自然的恬美与高质量的户外活动。

● 覆盖面广，形成多个层次、高度可达的绿道网络。珠三角绿道网按串联的区域、发挥的功能和服务的对象分为省立、城市和社区3个层级，并串联形成一个完整的网络。目前已建成的省立绿道总长2254km，加上建设中的城市绿道，总长度将超过6000km，整个区域地均绿道长度超过0.1km/km^2，绿道缓冲区面积覆盖地区总面积的20%。全部绿道建成后，将实现80%以上城乡居民5~10min到达社区绿道，15~20min到达城市绿道，

30~45min到达省立绿道（图4-48），从而提供更多的游憩活动机会，维护和改善环境质量。

建设手段"生态化"——最大限度地保持绿道沿线区域的原生态属性：

● 划定绿化缓冲区并进行空间管制。绿道只有具备了一定宽度的绿廊，才可以维持生态系统的稳定与持续，维系生物流、物质流、能量流的循环流动，以及为野生动植物提供栖息地，并使其在自然进化中保持健康或为当地物种提供被破坏后恢复的机会。规划明确了珠三角生态型绿道的绿廊宽度应不小于200m，郊野型绿道的绿廊宽度不小于100m以及都市型绿道的绿廊宽度应不小于20m的控制标准，并结合区域绿地的分布划定了4410km^{2}的绿道绿化缓冲区，实行有针对性的开发

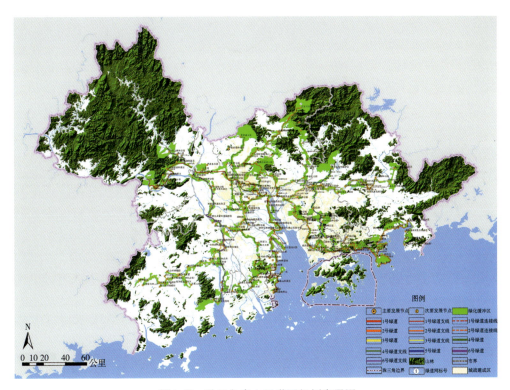

图4-47 珠三角省立绿道网规划布局图

(引自:《珠江三角洲地区绿道网总体规划纲要》)

图4-48 珠三角绿道网可达性分析图

(引自:《珠三角绿道网规划建设实践与实施成效》)

建设管理措施。

- 采用乡土树种并最大限度地保留原生植被。
- 采用透水、可降解材料铺设慢行道。
- 采用循环低碳的建筑材料建设配套设施。深圳梅林坳绿道的垃圾箱、指示牌及驿站均采用回收的旧轮胎、枕木、集装箱等废弃物制作，充分体现了绿道低碳环保的功能。
- 采取生物廊桥和涵洞的方式保留动物迁徙通道。

交通衔接"系统化"——实现绿道与多种交通方式的"无缝衔接"：珠三角绿道在线路选择上除充分考虑串联丰富的自然和人文节点外，还主动连接沿线的交通枢纽和游客服务设施，所形成的绿道网络很好地衔接了其他交通系统，以方便更多居民及游客使用绿道。

- 结合停车场和各种公交站点设置服务区，与交通系统衔接的绿道作为联系区域主要生态休闲资源的线性空间，在局部地区会与国省道、轨道、主要城市干道并线或接驳。为方便游客进入绿道，布局中尽量结合客运站场设置绿道服务区，客运站场与绿道之间距离控制在 500m 以内，保证游客或居民可以步行进入，实现绿道与客运公共交通的衔接；为使游客以自驾的方式进入绿道，还结合了绿道串联的公园、广场和旅游区等公共空间设置停车场，既保证了停车场的利用率，也提高了进入绿道的便利性。
- 通过预留接口、增加绿化及游憩设施，针对与慢行系统衔接、部分建成区空间难以拓展的情况，在慢行交通条件较好区域，绿道采取了增加绿化、分隔路面等方式借道慢行道；在无慢行设施的区域，通过预留接口、新建绿道，紧密联系临近步行网络与轨道站点、公交车站，确保自行车道和步行道的畅通无阻，实现了绿道与城市慢行系统的互相补充完善。

配套设施"人性化"——最大限度满足各类人群的多元使用需求：珠三角绿道极为重视配套设施建设，在规划建设中强调从居民使用角度出发配备完善的服务设施，满足各类人群的不同使用需求。

- 重视绿道配套设施的安全性。珠三角绿道网统一规范了清晰的信息、指示、警示等标志服务使用者；在具体建设中还非常重视使用者的安全需求，如通过铺设防滑路面增强安全性，同时在两侧设置雨水花园以减少雨洪对路面的冲击；在交叉路口处理上，设置了路权优先的自行车信号灯，确保行人、骑车者享有充分的安全保障。
- 重视人性化的服务设施建设。为满足不同文化层次、职业类型、年龄结构和消费水平绿道使用者的需求，结合主要发展节点和沿线城镇布局了区域级、城市级和社区级 3 个层次的服务系统（表 4-1）。目前已建成的 78 个区域级服务区中主要配置了游客中心、医疗点、信息咨询亭、治安点、机动车停车场、自行车停车场、治安视频监控系统等设施，为游客提供便捷、安全、舒适、经济的服务条件。

功能开发"多样化"——充分发挥绿道的综合效益：为提升珠三角绿道网的吸引力和沿线资源价值，规划建设中还充分整合利用绿道沿线的自然、人文等优质资源，结合各地特色开发了一系列绿道项目，促进绿道生态环保、休闲游憩和经济拉动等功能的最大化发挥。

维护原生态的自然资源，构建区域"生境系统"。广州南沙绿道的一个显著特点是强调湿地和流域等生境系统对于区域的重要性，采取的措施包括：建立河流走廊等重要的野生动物迁徙路径；保护重点生态区，维持绿道沿线自然资源的原生态；进行绿道沿线流域水质监控；重新梳理河道，解决周期性洪水淹没的危险。

- 串接多元的历史文化资源，打造"文化廊道"。江门开平绿道成功串联世界文化遗产"开平碉楼"形成一条"文化遗产廊道"，绿道有助于了解该地区的华侨文化，也可以起到向公众宣传的作用，实现对重要文化遗址的开发性保护，使其成为居民了解和体验地方文化特色、提升文化修养的特色场所。
- 结合环境教育，营造生动的"知识平台"。惠州罗浮山绿道将"环境教育"作为绿道建设的重要目标，设计了完善的环境教育与展示内容，

表4-1 绿道服务区分级设置要求

类别	项目	生态型 一级驿站	生态型 二级驿站	郊野型 一级驿站	郊野型 二级驿站	都市型 一级驿站	都市型 二级驿站	设置要求及服务内容
停车设施	公共停车场	●	○	●	○	●	○	1.驿站建设应优先利用现有设施,严格控制新建服务设施的数量和规模。 2.自行车租赁点可包含户外运动用品等设施的租赁。 3.在观鸟点、古树名木及珍稀植物观赏点应设置科普及环境保护宣教设施;在历史文化遗迹、纪念地、岭南古村落等处应设置相应的解说设施和非物质文化遗产展示设施。 4.主要景点应设置观景平台等设施。 5.垃圾收集应纳入绿道附近城市(镇)的垃圾收集系统
	出租车停靠点	●	○	●	○	●	●	
	公交站点	○	○	○	○	●	●	
管理设施	管理中心	●	—	●	—	●	—	
	游客服务中心	●	○	●	○	●	●	
商业服务设施	售卖点	●	●	●	●	●	●	
	自行车租赁点	●	●	●	●	●	●	
	饮食点	○	—	●	—	●	—	
游憩设施	文体活动场地	—	○	●	○	●	○	
	休息点	●	●	●	●	●	●	
科普教育设施	科普宣教设施	●	○	●	○	●	○	
	解说设施	●	●	●	●	●	○	
	展示设施	●	○	●	○	●	○	
安全保障设施	治安消防点	●	●	●	●	●	●	
	医疗急救点	●	●	●	●	○	○	
	安全防护设施	●	●	●	●	●	●	
	无障碍设施	●	●	●	●	●	●	
环境卫生设施	公厕	●	●	●	●	●	●	
	垃圾箱	●	●	●	●	●	●	
	污水收集设施	●	●	●	●	—	—	

注:●表示必须设置,○表示可设。
(引自:《珠江三角绿道网规划建设实践与实施成效》)

包括增加野生动物观测点、垂钓培训、展示道教文献与记载等,通过环境教育与展示,将绿道变为一个实用的教育资源,成为以科普教育为主的特色绿道。

● 区分不同类型资源开发,创建"主题性"绿道。珠三角在实施绿道网规划的过程中,按自然、游憩和历史3种资源类型进行划分,形成具有一定主题性的绿道。如广州增城绿道强调与当地的农业生产相结合,在发展茶业的乡村建设"茶香生态带",使绿道沿途可欣赏到美丽的茶园,并在茶园中辟建登山步道及露营地,形成旅游产业集聚带,吸引游客停留和消费。

运营维护"规范化"——保障绿道网长久永续利用:

● 建立了多元化的管理模式,保证绿道正常使用。绿道的管理维护是保证绿道长效使用的关键,珠三角绿道网初步建立起了政府主导、社会参与的管理和维护机制。

a. 政府建立多层级、多部门的管理架构。省层面成立绿道办,负责规划、实施、促进协调、监督和技术支持地方绿道机构等;地方政府层面,分解落实建设任务,将绿道建设纳入各政府机构政策和方案,并在归属地成立绿道种植和维护的工作队,参与绿道工作。

b. 鼓励社会公众参与管理。重点鼓励和培养企业、非营利性机构和志愿者团队参与绿道工作的积极性。如惠州博罗通过军民共建模式引入驻地部队参与绿道日常维护工作,有效缓解了政府部门对于绿道管理的压力。

● 推行市场化的运营模式,维持绿道可持续发展。珠三角绿道已经初步形成了一套相对完善的市场化运营模式,具体操作方式可分:

a. 推行特许经营。广州增城通过允许旅行社开发绿道沿线景点、自行车租赁、餐馆等设施，并负责管理沿线相应设施及交付一定的维护费用实现可持续运营。

b. 与企业合作开展各项市场行为。惠州博罗通过市场运作，引入社会机构、公司为绿道活动或特定路段冠名，使绿道能够顺利运营。

③成效——集环境、社会、经济效益于一体的民心工程　绿道具有生态性、休闲性、人文性、经济性等综合特征，既有通过市场价值衡量的收益，亦有难以用货币换算的收益，已经成为珠三角改善生态环境、提升城市品质、拉动区域经济和增加农民收入的"绿色发展"之道。

环境效益——连接各类生态地区，形成贯通生态廊道：

●改善了区域生态环境。珠三角绿道网连通区域内的生态敏感区，形成连续的生态廊道，增加绿化面积，丰富沿线物种多样性，对维护生态平衡作用明显。此外，通过自行车替代部分机动车出行降低碳排放，也产生明显的环境效益。以佛山桂城绿道为例，2011年8~10月完成自行车出行2 548 250km，换算为机动车出行量，则降低二氧化碳排放483t，相当于新增$6hm^2$的生态绿地。

●改善了沿线居民居住环境。绿道建设推动了沿线旧城改造和新农村建设，大大改善了人居环境，此外绿道建设还起到改善农村交通环境的作用。如广州东濠涌绿道建设结合旧城改造，增加公共开放空间，改造环境基础设施，使居民居住环境有了质的提升；肇庆四会市大坑一村，绿道与新农村建设相结合，调动村民建设自主性，翻修居住建筑，改善村内基础设施，疏通村内水系，营造了田园风貌的新农村生活环境。

●提升了城乡景观环境。绿道建设过程中，通过整治沿线河涌及城市水环境，形成了区域内宜人的滨水景观；此外，结合当地自然环境对绿道沿线荒废地进行景观改造，使其成为绿道的一部分，激发其价值，成为展示城乡发展与当地形象的载体，对提升景观具有积极意义。

社会效益——串联户外休闲空间，引导低碳生活方式：

●提供了新的休闲场所与健康的休闲方式。随着绿道建设不断完善，绿道旅游、休闲功能不断被强化，越来越多的人加入到体验绿道的行列，绿道逐渐成为珠三角居民生活的一部分。据统计，珠三角居民平均每月使用绿道10次，平均每次使用半小时，与其他公共休闲设施使用频率相比，绿道的使用频率超过平均水平，为居民提供了新的旅游休闲场所和休闲方式（图4-49）。

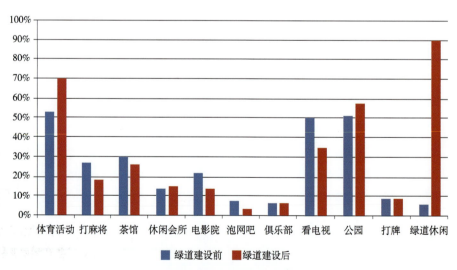

图4-49　绿道建设前后珠三角居民休闲方式比较
（引自：《珠江三角绿道网规划建设实践与实施成效》）

● 引导了低碳健康的出行方式。珠三角绿道建成后，结合公共自行车系统，为居民提供了低碳健康的通勤方式。以佛山桂城为例，共设立绿道自行车租用点 100 处，投入自行车 4000 辆，居民平均使用自行车时间约 20min，出行半径约 5km，改变了居民日常的出行方式，90.3% 的居民认为绿道改善了桂城的交通环境。

● 突出了地方形象。绿道建设普遍融入当地的宜居建设期望，都市型绿道突出了城市特色与品牌，郊野型绿道则充分展现了乡村田园风貌。此外，为丰富绿道内涵，各地绿道加入教育、公众参与等公益含义，绿道已成为宣传地方特色文化的窗口。

经济效益——带动旅游产业发展，提供更多就业机会：

● 带动了沿线农村经济发展。通过雇佣劳动力参与绿道建设与维护，从而带动农民劳务收入增加；此外，还促进了沿线农家餐馆经营收入增长、乡村旅游产品开发等。如江门滨江绿道建设提供农村居民就业岗位约 40 个，平均每人月工资约 1700 元；肇庆四会通过开发"绿道—农家餐馆—游泳—果园"一条线的农村旅游服务，游客接待量和经营收入均比绿道建设前增加 20%。

● 促进消费，拉动内需。绿道建设丰富了旅游资源，体现了当地特色，正吸引越来越多游客前往体验。问卷调查结果显示，77.2% 的自行车爱好者首选在绿道上骑车休闲，游客在绿道的消费意愿为平均每人每次 35 元；广东省建设厅的另一项调查则估算出 2010 年广州增城绿道生态休闲旅游资源总价值为 4800 万元，并预期 10 年后年游客数量在 100 万人次左右，5 年期的休闲旅游收益在 3.5 亿~4.2 亿元之间，20 年期的收益在 15 亿~18 亿元之间。

● 节约交通成本。绿道自行车系统的替代作用还节约了社会交通成本。东莞松山湖绿道自行车系统投入使用 3 个月，自行车租用总量为 1.7 万车次，平均租用时间为 0.37h，估算完成出行里程为 $9.5×10^4$km，若换算为私人小汽车出行，相当于节约出行费用 5.2 万元。

4.2.4 雨洪管理规划

4.2.4.1 概念解读

雨洪利用，尤其是城市雨洪的利用是从 20 世纪 80~90 年代发展起来的。它主要随着城市化带来的水资源紧缺和环境与生态问题发展而引起人们重视。城市雨洪利用以减轻城市河湖防洪压力、减少洪灾、保障城市安全度汛和充分利用雨洪资源、缓解水资源危机为目标。采取相应的生物、工程、农艺和法规建设、调度管理等综合措施，对雨洪资源进行深度开发利用。许多发达国家开展了相关的研究并建成一批不同规模的示范工程，使城市雨洪利用被纳入城市总体规划，雨洪利用技术也进入标准化和产业化的阶段。

① 国外城市雨洪利用发展概况　由于全球范围内水资源紧缺和暴雨洪水灾害频繁，近 20 年来，美国、加拿大、意大利、法国、墨西哥、印度、土耳其、以色列、日本、泰国、苏丹、也门、澳大利亚、德国等 40 多个国家和地区在城市和农村开展了不同规模的雨洪利用研究，并召开过 10 届国际雨水利用大会。其中，美国和日本等经济发达、城市化进程发展较早的国家，城市雨洪利用发展较快。

日本于 1963 年始兴建滞洪和储蓄雨洪的蓄洪池，还将蓄洪池的雨水用作喷洒路面、灌溉绿地等城市杂用水。这些设施大多建在地下，以充分利用地下空间。而建在地上的也尽可能满足多种用途，如在调洪池内修建运动场，雨季用来蓄洪，平时用作运动场。地下蓄洪池形式也是多样的，如大阪市的隧洞式地下防洪调节池，可蓄水 $112×10^4 m^3$。名古屋市的方形地下蓄洪池，可容纳洪水 $10×10^4 m^3$。近年来，各种雨水入渗设施在日本得到迅速发展，包括渗井、渗沟、渗池等，这些设施占地面积小，可因地制宜地修建在楼前屋后。也有在屋顶修建蓄水系统或修建屋顶蓄水和渗井、渗沟相结合的回补系统，雨水在屋顶集蓄后，逐步放入渗井或渗沟，再回补地下。此类设施可将地面径流就地入渗地下，在控制径流汇集、减小洪峰流量的同时，使地下水得到补给，使遭到破坏的地下水环境系统得以恢复，同时也起到阻止地面沉降的作用。1992年日本颁布了《第二代城市下水总体规划》，正式将雨水渗沟、渗塘及透水地面作为城市总体规划的组成部分，要求新建和改建的大型公共建筑群必须设置雨洪就地下渗设施。

美国的雨洪利用是以提高天然入渗能力为宗旨。作为土地利用规划的一部分，在新开发区的实施极为成功。美国加州富雷斯诺市的 Leaky Areas 地下水回灌系统，10年间（1971—1980年）的地下水回灌总量为 $1.338 \times 10^8 m^3$，其年回灌量占该市年用水量1/5。在芝加哥市兴建了著名的地下隧道蓄水系统，以解决城市防洪和雨水利用问题。此外，还在众多的州研究了屋顶蓄水和由入渗池、井、草地、透水路面组成的地表回灌系统。美国不仅重视工程措施，并制定相应的立法对雨洪利用给予支持。针对城市化引起河道下游洪水泛滥问题，美国的科罗拉多州（1974年）、佛罗里达州（1974年）和宾夕法尼亚州（1978年）分别制定了雨洪管理条例。这些条例规定新开发区的暴雨洪水洪峰流量必须保持在开发前的水平。所有新开发区必须实行强制的"就地"滞洪蓄水。滞洪设施的最低容量均能控制5年一遇的暴雨径流。除制定雨洪管理条例外，联邦和各州还采取了一系列政策，如使用总税收，发行义务债券，联邦和州给予补贴，联邦贷款、投资分扣方式，鼓励人们采用新的雨洪处理方法。

德国是欧洲开展雨洪利用工程最好的国家之一。目前德国的雨洪利用技术已经进入标准化、产业化阶段，市场上已大量存在收集、过滤、储存、渗透雨水的产品。德国的城市雨水利用方式有3种：一是屋面雨水集蓄系统，集下来的雨水经简单的处理后，达到杂用水水质标准，主要用于家庭、公共场所和企业的非饮用水，如街区公寓的厕所冲洗和庭院浇洒。法兰克福一个苹果榨汁厂，把屋顶集下来的雨水作为工业冷却循环用水，成为工业项目雨水利用的典范。二是雨水截污与渗透系统。道路雨洪通过下水道排入沿途大型蓄水池或通过渗透补充地下水。德国城市街道雨洪管道口均设有截污挂篮，以拦截雨洪径流携带的污染物。城市地面使用可渗透的地砖，以减小径流。行道树周围以疏松的树皮、木屑、碎石、镂空金属盖板覆盖。三是生态小区雨水利用系统。小区沿着排水道修建渗透浅沟，表面植有草皮，供雨水径流流过时下渗。超过渗透能力的雨水则进入雨洪池或人工湿地，作为水景或继续下渗。德国还制定了一系列有关雨水利用的法律法规。如目前德国在小区新建之前，无论是工业、商业还是居民小区，均要设计雨水利用设施，若无雨水利用措施，政府将征收雨水排放设施费和雨水排放费。

②国内城市雨洪利用发展概况　我国城市城区雨洪利用的思想具有悠久的历史，伴随着古都的建设和发展而产生。而真正意义上的城市雨洪利用的研究与应用却开始于20世纪80年代，发展于90年代，它主要是随着城市化带来的水资源紧缺和环境与生态问题而引起人们的重视。但总的来说技术还较落后，缺乏系统性，更缺少法律法规保障体系。

我国城市雨水排放系统的研究起步较晚，目前主要在缺水地区有一些小型、局部的非标准性应用。大中城市的雨水系统基本处于探索阶段。比较典型的有山东的长岛县、大连的獐子岛和浙江省舟山市葫芦岛等雨水集流利用工程。大中城市的雨水利用基本处于探索与研究阶段，但已显示出良好的发展势头。北京、上海、大连、哈尔滨、西安等许多城市相继开展研究。

由于缺水形势严峻，北京的步伐较快。2001年国务院批准了包括雨洪利用规划内容的"21世纪初期首都水资源可持续利用规划"，并建成了几处示范工程，如第15中学雨水利用工程、北京西城区华嘉小学雨水与景观工程、北京东城区青年湖雨水利用与景观系统、海淀区政府大院雨水利用工程、丰台区工会雨水利用工程等；北京市政府66号令（2000年12月1日）中也明确要求开展市区的雨水利用工程。因此，北京城市雨水利用已进入示范与实践阶段，有望成为我国城市雨水利用技术的龙头，随着水管理体制和水价的科学化、市场化，通过一批示范工程，有望在较短的时间内带动整个领域的发展，实现城市雨洪利用的标准化和产业化。2014年住房和城乡建设部颁布了"海绵城市建设指南"，提出了雨水利用的"渗、滞、蓄、净、用、排"的原则，极大推进我国城市开展雨洪利用的建设，并在2015年选定了16个城市作为海绵城市试点建设，于2016年全面推进海绵城市建设。

③城市雨洪利用的主要措施　根据城市的具体情况，借鉴国内外的先进经验，采取相应的生物、工程、农艺和法规建设、调度管理的综合措施，对雨水资源进行深度开发。在城市结合防洪和用水的要求，以防洪减灾、改善生态环境为重点，把防洪与补源结合起来。

城市雨水利用是一项造福子孙后代的系统工程，应纳入城市整体规划。因此，应加强宣传，提高认识，转变观念，把城市雨水利用与城市建设、水资源优化配置、生态建设统一考虑，把集水、蓄水、处理、回用、下渗、排水等纳入城市建设规划之中。

4.2.4.2 案例分析

(1)北京奥林匹克公园中区雨洪循环利用设计

奥林匹克公园坐落于北京市中轴线北端，它包括北区的森林公园、中区的奥运场馆和南区的民族大道。规划总用地面积约1135hm²，其中中区291hm²。奥林匹克公园中区除奥运场馆和其他建筑用地之外的公用区域，雨洪利用设计总面积约95hm²，约占中区规划用地面积的1/3（图4-50）。

北京奥林匹克公园中区重要景观及龙形水系设计考虑了水资源的循环利用，把雨洪控制与利用纳入到实际的建设中，以展示城市雨水排放新概念，实现雨水资源化。通过雨洪利用工程的设计与实施，一方面将提高本地水资源的利用率，缓解北京水资源缺乏与奥林匹克公园需水的供需矛盾；另一方面，也减轻奥林匹克公园及周边防洪和排水压力，对北京整体发展和绿色奥运的实

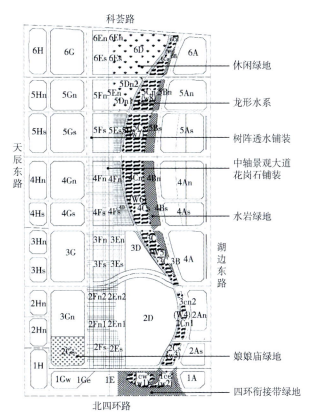

图4-50　北京奥林匹克公园中区下垫面分区图

(引自：周嵘，2010)

现具有重要意义。

①雨洪利用原则　设计提出了"下渗为主，适当回收；先下渗净化，再回收利用"的设计新理念。充分利用树阵、广场、非机动车道的雨水，补充绿地、水系的部分水量消耗。设计中首先考虑树阵、绿地、市政交通道路、铺装地面的自然下渗，再考虑超标准的雨水就地回收、就近利用，在满足雨洪利用设计的要求下，节省工程投资。充分利用水系，对雨水实施有效管理，蓄泄结合，以蓄为主，合理拦蓄雨水资源。减少区域内因开发建设造成的降雨径流系数的增大，严格控制外排水量。

②雨洪利用标准　作为奥林匹克公园的重要景观，综合考虑其地块的特性及其对雨水的涵养能力，中轴树阵区和市政道路人行道采用2年一遇24h降雨的雨洪利用标准；休闲绿地部分、下沉花园及其他区域采用5年一遇24h降雨的雨洪

利用标准。各地块径流系数控制为1年一遇降雨外排水量的综合径流系数不超过0.1，2年一遇降雨外排水量的综合径流系数不超过0.3，5年一遇降雨外排水量的综合径流系数不超过0.5。

③雨洪利用形式

中轴路+树阵区：区域内的广场、非机动车道及轻型车的铺装地面，均采用透水铺装。铺装面层采用新型环保的风积沙透水砖，黏结找平层也同样采用透水性较强的风积沙，使其与面层紧密结合为一体，其下铺设300mm厚级配碎石垫层，在级配碎石垫层内铺设全透型。另外在树阵区和中轴路范围内，每隔30~50m设计一条1.2m×0.9m的支渗滤沟，收集周围渗透到级配碎石垫层内的雨水，再通过支渗滤沟内的全透型排水软管排入主渗滤沟，然后收集到集水池，供周围绿化喷灌使用。

透水垫层和排水软管的铺设，有双向排水的功能，一方面便于雨水下渗、收集和利用；另一方面当地下水位上升时作为排水管，避免地下水顶托地面铺装。

树阵区内每棵树之间为透水的硬质铺装，为达到渗水收集的目的，在设计中把区别于其他铺装颜色的一种铺装做成透水的沟槽收集雨水，沟槽由透水砖和透水垫层铺装而成，其下埋设透水管。雨水可以缓慢渗入土壤，灌溉树阵内的树木，从而减少灌溉量甚至不需人工灌水。多余的入渗雨水通过地下埋设的收集管道收集后引入专门的蓄水池存蓄，用于其他绿地灌溉。

中轴路考虑到重型车行走和整体美观的需要，在中间21.0m范围内铺设花岗岩，为了达到雨洪利用的目的，铺装缝隙采用透水缝隙，基层尽量采用无沙混凝土，基层下面铺设级配碎石垫层。并在花岗岩铺装的两侧各设计了一条雨洪集水沟，集水沟用透水砖砌筑并于周边的渗滤沟衔接，使下渗和排水沟收集的雨水相互渗透，形成完整的雨洪利用系统。集水沟内还设置一定高度的挡水板，当雨水超过设计标准时，雨水才能外排。中轴路21.0m之外的区域仍采用透水铺装路面。

近邻国家体育馆的庆典广场为大面积的花岗石铺装，面层及基层均不透水。为了减轻排水压力和改善排水的水质，在地面雨水口处设置弃流框，弃流框的容积可以存蓄3~4mm的初期降雨，框内设有多层过滤网，初期雨水过滤后下渗，后期雨水集中排放到下游的集水池（图4-51）。

休闲绿地：绿地部分主要以雨水下渗为主，用绿地涵养水源，减少绿化灌溉。因此，全部采用下凹式绿地或带增渗设施的下凹式绿地形式进行雨洪利用。绿地比周围路面或广场下凹50~100mm，路面和广场多余的雨水可经过绿地入渗或外排。增渗设施采用渗滤框、渗槽、渗坑等多种形式。在大面积的绿地内也设计了一定数量的雨水口，但雨水口高于绿地50~100mm，只有超过设计标准的雨水才能经雨水口排入市政雨水管道。与水系连接的绿地部分，只在水岸边设计下凹式滤沟，当雨水较大时，从绿地流下的雨水经过滤沟过滤后再流入水系，保证了收集雨水的清洁度。

下沉花园：下沉花园部分地下水位较高，下沉花园部分绿地雨水不宜全部入渗。因此，绿地下埋设全透型排水管，将下渗的雨水引入蓄水设

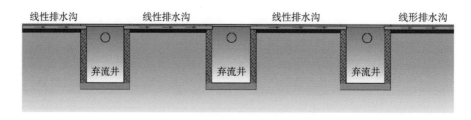

图4-51 串联的渗滤型弃流井示意

（引自：吴东敏，2009）

渗滤、收集系统					回用系统		
透水地面 →	多孔垫层 →	透水毛管 →	支渗滤沟 →	主渗滤沟 →	雨水集水池 →	灌溉用水	其他用水

图4-52 渗滤系统

施收集起来以备回用。综合考虑美观和雨洪利用问题，下沉广场内大于80%的路面采用透水铺装。不透水路面坡向透水路面，雨水经透水路面下渗、收集或外排。

市政交通道路：市政交通道路两侧人行道采用透水铺装地面，机动车道路为不透水硬化路面，在两侧设置环保型雨水口，将机动车道内的初期雨水和较大的污染物拦截后排入下游管道。

龙形水系：龙形水系总长2.7km，水面宽度25~150m，总水面面积18 300m²，其中70 000m²建造在地下空间之上，设计上也完全做成生态水系。通过水系生态护岸涵养、渗滤收集雨水，每年可节省水资源90 000m³。

在本工程雨洪利用硬质铺装的选材上，突破了采用常规混凝土透水砖和无砂混凝土垫层的做法，提出采用创新技术的做法——风积沙透水砖和风积沙结合层。这种新材料、新工艺提高了路面透水性能，并解决了大块透水砖抗折强度的问题。透水砖和结合层的主要材料是用沙漠中的风积沙，是一种变废为宝的新技术，这种材料的使用在雨水下渗的过程中还能起到很好的净化过滤作用。

④雨水收集系统

渗滤系统：渗滤系统由透水铺装、多孔垫层、透水毛管、支渗滤沟、主渗滤沟组成。雨水通过多重过滤净化，汇集到雨水集水池，回用水的水质将满足灌溉要求（图4-52）。

透水铺装结构由风积沙透水砖（或带缝隙的不透水材料）、风积沙黏结找平层、垫层构成，垫层内一定间距埋设全透型排水管。雨水通过透水砖、黏结找平层、垫层、全透型排水管得到多重净化。为保证面层透水砖的平整和路面整体的稳定性，在垫层之上铺垫50~80mm厚风积沙黏结找平层，此层为现场铺设，用化学方式固结，用机械方式夯实。

支渗滤沟为透水地面局部下降形成的通长渗滤沟槽，渗滤沟槽边缘为无纺布反滤层，槽内为单级配碎石，级配碎石内埋设全透型排水管，雨水通过雨洪收集毛管汇入支渗滤沟。主渗滤沟的结构基本同支渗滤沟，级配碎石内埋设冲孔排水管，雨水通过支渗滤沟汇入主渗滤沟，再输送到雨水集水池。

雨水集水池：对2年一遇、5年一遇暴雨在60min、120min、240min、360min、720min、24h不同历时的时段降雨量进行收集容积的试算，取各计算结果的最大值为设计值。通过计算并考虑到地域分块和就近利用，在地面景观部分设8个集水池，下沉花园部分设2个集水池，雨水集水池的总容量为7500m³。雨水集水池结构为钢筋混凝土独立结构，分散布置，在保证能顺利收集来自主渗滤沟雨水的同时，使其尽量接近用水点。集水池内设风积沙渗滤墙一道，除了遮挡漂浮物之外，加强过滤，以保证吸水口的水质绝对洁净。集水池末端接灌溉用水系统，集水池的冲洗、排空均在该系统内解决（图4-53）。

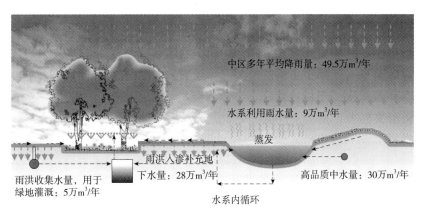

图4-53 中区雨洪利用示流流程

（引自：吴东敏，2009）

(2) 鹿特丹水之花园

全球气候在不断变化,大型暴雨的次数每一年都在增加。随着城市排水系统难以负担突如其来的大量雨水,问题变得越来越严重。稠密的城市空间里可供渗漏暴雨的地块实在少之又少:那些原本可以用来吸收雨水的用地不是成了建筑面积,就是成了不能渗透的硬质铺装。城市里部分地区一次又一次地被淹,对公共空间与私人财产造成了破坏。许多荷兰的城市深受其害,因为它们地处海平面以下,雨水无法排走。对于像鹿特丹这样的城市来说,这的确是一个真实而严峻的考验。

为了解决这一问题,城市规划师与工程师制定了一套水规划,将城市内有效蓄水与提高公共空间质量结合起来。"水规划2号"于2007年10月正式生效。这套空间战略直接将空间的数量与所需水资源的水量联系起来:在城市郊区,所有新的开发都必须建造大型的雨水缓冲区。在人口密集的老城区和市中心,也必须找到更紧凑街区的雨水解决方案。这些方法既有大尺度的技术方法,也有小尺度的更具美学价值的方案介入。其中,在鹿特丹博物馆公园里正在建造一个能迅速调节排水溢流的下沉集水盆地。与此同时,城市议会激活了一个补贴计划:鼓励个人在自己的物业里建造屋顶绿化,以此能让雨水落入地面之前得到缓冲。其实,缓冲的效果是有限的,但内含的教育意义却是积极的。最后,一个在街面缓冲雨水的解决方案范本应运而生——水之广场。

这一方案提出,将提升公共空间质量与一套工程技术系统结合起来。作为空间设计师,将资金用在洪泛设施上,同时设计出人们喜爱的空间,这便是水之广场这一想法的来源。大多数这样的空间可以有效地用作开放性公共场所,只有在大型暴雨时,空间才用来暂时储存雨水。因此,用于技术基础设施上的资金可以转化成用于建造更好的城市空间。

这一试验性的设计主要分为两部分:一个运动场和一个山形游乐场。运动场相对于地平面下沉了1m,周围是人们可以坐下用来观看比赛的台阶。山形游乐场也做了下沉处理,由多个处于不同水平面的可坐、可玩、可憩的空间组成。这两部分都由草地与乔木围合而成。大多数时候(几乎一年里90%的时间),水之广场是一个干爽的休闲空间。即使在常规的雨季里,广场仍保持干燥,雨水将渗入土壤或被泵入排水系统。后者为鹿特丹特有的处理方法,因为这里地下水位太高以至于有时雨水无法回渗土地。

只有当遭遇强降雨时,水之广场才会一改其面貌和功能。收集的雨水将从特定的入水口流入广场的中央。设计确保了广场被淹没是个循序渐进的过程,短时间的暴雨只会淹没水之广场的一部分,此时雨水将汇成溪流与小池,孩子们可以在其间戏水游乐;之后,雨水将在广场里停留若干小时,直到城市的水系统恢复正常。若暴雨延长,水之广场将逐渐浸水,直到运动场被淹没,广场成为一个名副其实的蓄水池。在这种情况下,那些大胆而不怕湿身的人会去享受水之广场的乐趣。作为试点设计的广场可以最多容纳该社区范围内1000m^{3}的暴雨。

①水体的净化 卫生是很重要的一个议题。水之广场并不是一个污水处理设施,雨水通过一个分离的净水系统从公共空间和屋顶被收集到一起,收集到的雨水首先将汇入一个所谓的"水匣子",在此得到过滤。过滤后的雨水将被储存在广场里,直到可以被排至附近的水体。这样一来,可以避免目前污水溢流至沟壕和运河的现象,城市的排污系统将不再有沉重的负担。因此,许许多多的水之广场将成为提高城市水质的一个方法。

雨水并不会在广场里储存太久。根据暴洪的体量,最坏的情形是32h,理论上2年将发生一次。但这应该不会产生健康问题,甚至是在夏天。在雨水被排走以后,广场内仍会留有一些垢物与残屑。因此,在其作为缓冲池使用后,对水之广场的清理将十分重要。基于这一原因,该试点设计由光滑的斜坡建成,避免卫生死角。广场里的水匣子将与雨水总管相连,通过一条高压软管可以有效地净化水质。这一设施的另一个优点是干净的小水潭可以供孩子们在夏天玩耍,也可以在冬天结冰时注水形成溜冰场。这些设施在常规建造中将十分昂贵，但由于水之广场在执行雨水缓冲功能时具备了现成的工程设施，以上的功能将轻松实现。

②安全警示　另一个问题是当游乐场注满水时的安全问题。通过与鹿特丹居民的谈话，发现他们关心的问题是水之广场是否适合年纪较小的儿童玩耍。设计者结合公共空间美学品质的警示系统，通过色码灯对水深做出指示。不同颜色的灯标志水之广场不同的标高（比如，颜色从黄转为橙，最后到红色）。水位越高将出现越多的红灯。此外，简单的边界护栏可以防止年纪较小的儿童进入注满水的广场。另外，暴雨本身也将提示人们，广场正在执行雨水缓冲的任务（图4-54）。

4.2.5　雨水花园

4.2.5.1　概念解读

雨水花园是自然形成或人工挖掘的浅凹绿地，用于汇聚并吸收来自屋顶或地面的雨水，通过植物、砂土、砾石的综合作用使雨水得到净化，并使之逐渐渗入土壤，涵养地下水，或补给景观用水、厕所用水等城市用水，是一种生态可持续的雨洪控制与雨水利用设施。

①发展历程　真正意义上的雨水花园形成于20世纪90年代。在美国马里兰州的乔治王子郡（Prince George's County），一名地产开发商在建住宅区的时候有了一个新的想法，就是希望用一个生态滞留与吸收雨水的场地来代替传统的雨洪最优管理系统（BMPs）。在该郡环境资源部的协助下，最终使雨水花园在萨默塞特地区广泛地建造使用。该区每一栋住宅都配建有30~40m^2的雨水花园。它的建造是高效而节约的。建成后对其进行了数年的追踪监测，结果显示雨水花园平均减少了75%~80%地面雨水径流量。此后，在世界各地都开始广泛地建造各种形式的雨水花园。

②雨水花园的功能　雨水花园除了能够有效地进行雨水渗透之外，还具有多方面的功能：

● 能够有效地去除径流中的悬浮颗粒、有机污

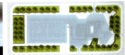

图4-54　水之广场系列分析与效果图

（引自：http://www.youthla.org/2010/09/watersquares-the-elegant-way-of-buffering-rainwater-in-cities/）

染物以及重金属离子、病原体等有害物质；

● 通过合理的植物配置，雨水花园能够为昆虫与鸟类提供良好的栖息环境；

● 雨水花园中通过其植物的蒸腾作用可以调节环境中空气的湿度与温度，改善小气候环境；

● 雨水花园的建造成本较低，且维护与管理比草坪简单；

● 与传统的草坪景观相比，雨水花园能够给人以新的景观与视觉感受。

③雨水花园的类型　雨水花园按其功能可分为两种类型：

以控制雨洪为目的：该类雨水花园主要起到滞留与渗透雨水的目的，结构相对简单。一般用在环境较好、雨水污染较轻的地域，如居住区等。

以降低径流污染为目的：该类型雨水花园不仅是滞留与渗透雨水，同时也起到净化水质的作用。适用于环境污染相对严重的地域，如城市中心、停车场等地。由于要去除雨水中的污染物质，因此在土壤配比、植物选择以及底层结构上需要更严密的设计。

④雨水花园的建造步骤　雨水花园的建造主要包括选址、土壤渗透性检测、结构及深度的确定、面积的确定、平面布局、植物的选择及配置等方面。

选址：对于雨水花园位置的选择，应该考虑以下几点：

● 为了避免雨水侵蚀建筑基础，雨水花园的边界距离建筑基础至少2.5m。

● 雨水花园的位置不能选在靠近供水系统的地方或是水井周边。

● 雨水花园不是水景园，所以不能选址于经常积水的低洼地。如果将雨水花园选在土壤排水性较差的场地上，雨水往地下渗透速度较慢，会使雨水长时间积聚在雨水花园中，既对植物生长不利，同时又容易滋生蚊虫。

● 在地势较平坦的场地建造雨水花园会比较容易而且维护简单。

● 尽量让雨水花园处于阳面，不要将其建在大树下。

● 要注意研究雨水花园的位置与周边环境的关系，以及对整个大环境景观质量的影响。

土壤渗透性检测：准确检测准备建雨水花园的场地内土壤的渗透性是建造雨水花园的前提。砂土的最小吸水率为210mm/h，砂质壤土的最小吸水率为25mm/h，壤土最小吸水率为15mm/h，而黏土的最小吸水率仅为1mm/h。比较适合建造雨水花园的土壤是砂土和砂质壤土。可以通过一个简单的渗透试验来检验场地的土壤是否适合建雨水花园。方法是在场地上挖掘一个15cm深的小坑，向其中注满水，如果24h之后水还未渗透完全，那么该场地不适合建雨水花园。如果土壤渗透性较差，可以进行局部客土处理。将砂土、腐殖土、表层土按2∶1∶1的比例混合。

确定结构及深度：典型的雨水花园结构主要由5个部分组成，由表及里分别是：蓄水层、覆盖层、种植土层、砂层以及砾石层。蓄水层能暂时滞留雨水，同时起到沉淀作用。雨水花园的深度一般指蓄水层的深度，其数值一般在7.5~20cm之间，不宜过浅或过深。深度过浅，若要达到吸收全部雨水的目的，则会使雨水花园所占面积过大；而深度过深，会使雨水滞留时间加长，不仅导致植物的生长受到影响，还容易滋生蚊虫。此外，雨水花园的深度与场地的坡度有一定的关系，场地的坡度应小于12%。一般来说，坡度小于4%，深度10cm左右比较合适；坡度在5%~8%之间，深度15cm左右；坡度在9%~12%之间，则雨水花园的深度可以达到20cm。当然，还应该根据土壤条件进行相应调整。

确定面积：雨水花园的面积主要与其有效容量、处理的雨水径流量及其渗透性有关。要精确地定量雨水花园的表面积，国内外有以下几种方法：基于达西定律的渗透法；蓄水层有效容积法；完全水量平衡法。每一种方法都有其优点与局限性。虽然比较精确，但计算烦琐。

确定平面布局：雨水花园的平面形式比较自由，可以根据个人喜好以及所处的场地环境自由安排。但为了能尽可能地发挥雨水花园的作用，其长宽比应该大于3∶2。

植物选择及配置：

雨水花园是靠其土壤与植物共同作用来处理雨水的，因此，对雨水花园植物的选择也是非常重要的。植物的选择有以下几点原则：

- 以乡土植物为主，不能选择入侵性植物；
- 选择既耐旱又能耐短暂水湿的植物；
- 选择根系较发达的植物；
- 选择香花性植物，以吸引昆虫等生物。

所列出的植物为适应当地气候与土壤特点，且能用于雨水花园的部分植物种类，在不同地区可以选择性地使用。植物配置宜综合考虑植物的姿态、色彩、质感、花期、植株大小的搭配，形成具有野趣或者其他不同风格的花园景观。植物也可以与石材相互搭配以丰富雨水花园的景观效果，如在园中布置几组自然石，在覆盖层铺上细石，还可在雨水花园的边缘铺一层石块。为了更好地发挥雨水花园的作用，植物最好是成株移栽，尽量避免用种子及小苗种植。

⑤雨水花园的维护　雨水花园的维护与管理简便，可以采取以下几种措施：

- 在暴雨过后检查雨水花园的覆盖层以及植被的受损情况，及时更换受损的覆盖层材料与植被；
- 定期清理雨水花园表面的沉积物，以免使其渗透能力下降，降低其效果；
- 定期清除杂草，同时对生长过快的植物进行适当修剪；
- 根据植物生长状况及降水情况，适当对植物进行灌溉。

4.2.5.2 案例分析

(1)美国麻省理工学院斯塔塔中心——信息革命的新家园

2001年，Olin景观设计公司为麻省理工学院制订了一个规划框架，用以指导校园在21世纪内公共空间的选址与发展。斯塔塔中心是这个规划中建成的第一个项目，是一个专门为计算机、信息、智能科技而设的研究中心。斯塔塔中心是在查尔斯河河口的原址上重建的。这里的地下水平非常高，大约是在地表的2.1m下，这说明河流从未真正地消失过。这样富有挑战性的场地条件要求设计师不能采用普通的雨水解决方案来处理雨水渗透和地下水的补充。Olin景观设计公司与Nitsch工程公司紧密合作，设计了一个创新性雨水处理系统，可以保持场地内100%的降水渗透量（图4-55、图4-56）。同时作为花园和机器设备的雨水处理系统，场地下部是斜坡式的蓄水池。这个蓄水池上方就是中心花园的位置，其中种植着一些乡土湿地物种，大约可以保持1.83m的持水量。通过植物、沙砾和土壤渗透的雨水都被储存到了地下的蓄水池，每天使用太阳能水泵循环两次，循环雨水可以用作灌溉和中心盥洗室使用。设计利用本土石头、沙砾、大石块组成的区域分别将这个水池布置在了湿地植物与旱地植物之下，降雨时期所用的排水口则是一个金属石笼（图4-57、图4-58）。

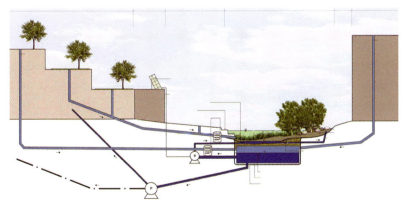

图4-55　雨水花园雨水收集系统示意图

（引自：http://www.landscapemedia.cn/case/detail/id_250.html.）

图4-56　斯塔塔中心及雨水花园平面图

（引自：http://www.youthla.org/2010/09/watersquares-the-elegant-way-of-buffering-rainwater-in-cities/）

图4-57　斯塔塔中心及雨水花园鸟瞰

（引自：http://www.landscapemedia.cn/case/detail/id_250.html.）

图4-58　雨水花园下凹绿地景观

(2)美国俄勒冈州波特兰雨园

波特兰市位于美国西北部俄勒冈州，是一个雨水充沛的港口城市，年均降水量为1119mm。然而在市内，地面大多被街道、停车场和建筑物所覆盖，所以每年流经市区的大量雨水很难渗透到地下。而且雨水通过雨水管直接排放到城市雨水管网里、屋顶上和路面上的灰尘，路面的油污等杂物也会毫无阻拦地直接进入城市雨水管，排放到周边的河流之中，进而造成水体污染。

为了改善流入排水道的雨水的水质，波特兰市市政府要求每个新建的项目都必须对场地上流经的雨水进行及时有效的处理。不同于一般情况下，让雨水从地下流过，或者通过高处的装置让雨水发挥一定的功用的处理方式，如何在景观设计中更加合理地解决雨水的排放和渗透，并在对雨水的处理过程中创造出有艺术美感的景观，成为这个项目关注的重点。

面积为0.2hm²的雨园位于俄勒冈州会议中心的延伸地带，此项目不仅巧妙地解决了雨水排放和过滤的问题，同时还创造了优美的景观环境空间。雨园和南面大楼的入口相连，游人能从室外观景台上一览无余地观赏到园内的景观和雨水处理装置的结构。

雨园中一系列精心设计的水渠和池塘让游人和当地居民直观地了解到了雨水被收集和净化的过程。雨园也不存在雨水管道超负荷的问题，因为雨水可以通过附近雨水管道通畅地排入几百米外的威拉河中（图4-59）。

雨园的设计模拟了当地的自然生态环境，达到了蓄积和净化雨水的功能。首先，会议中心将近2.2hm²屋面上所汇集的雨水通过4个相互间隔开来的落水管从建筑的南立面排入到雨园里，然后从排水口喷涌而出的雨水跌落在用大块的玄武岩堆砌的乱石群上，最后汇集到一系列的水池中，这些水池不仅可以起到蓄水的作用，还使雨水有充分的时间渗入地下。设计师用建筑的手法描绘出了雨水的动态之美，形成了一系列连续而具有跳跃感的区域，而这些区域彼此相连，又形成了一个整体。园内层层跌落的7个水池和玄武岩的堆石不仅造就了富有情趣的空间层次的起伏与转换，也成功地减缓了暴雨流下来的速度，而后水流变缓，潺潺地在小溪中流淌。小溪中的鹅卵石和水生植物又能过滤水中的杂质；同时，植物的根系和土壤中的微生物能吸收水中的污染物，起到进一步净化雨水的作用。雨水在不断流淌的过程中也能充分地渗透到土壤中，被土壤吸收。雨园中的蓄水量也是经过精心测试过的，完全能应付当地的降水量（图4-60至图4-62）。

雨园用玄武岩作为主要的景观材料，这些玄武岩都是从位于太平洋西北端的火山口采集而来的，保持了天然特色。设计师在水池的南面用抗腐蚀的耐候钢围成了一个大的弧形区域。在雨园上方部分种植了耐旱植物，其中包括本土的观赏树木、灌木和草坪等。水池里则通过种植当地水生植物来吸收水中的杂质，在发挥过滤作用的同时为整个景观锦上添花。

图4-59　雨园平面图

（引自：http://landscapemedia.cn/case/detail/id_295.html）

图4-60　雨园鸟瞰

（引自：http://landscapemedia.cn/case/detail/id_295.html）

图4-61　雨园的雨洪处理设施

（引自：http://landscapemedia.cn/case/detail/id_295.html）

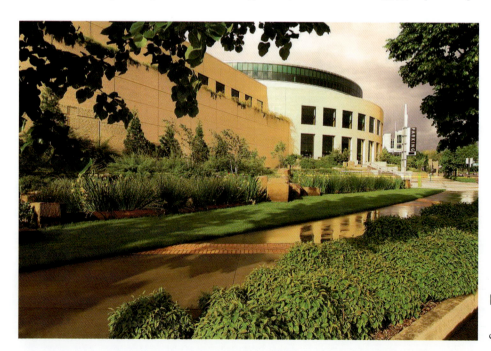

图4-62　雨水建成效果

（引自：http://landscapemedia.cn/case/detail/id_295.html）

4.2.6 棕地改造与设计

4.2.6.1 概念解读

棕地（brownfield）这一概念，最早、最权威的提法是1980年美国国会上，美国环境保护局于1994年对其定义如下：

棕地是指被遗弃、闲置或不再使用的前工业和商业用地及设施。包括旧工业区、旧商业区、加油站、港口、码头、机场等工业化过程中所遗留下来，已经不再使用的设备、建筑、工厂或整个地区。

棕地存在或潜藏着对生态环境的污染和对社会环境的危害，治理或再次开发会带来经济和社会效益，同时也会产生一定的风险。随着城市工业化的发展，20世纪下半叶，世界各地显露出了较广范围的另一种工业危机——废弃工业区，特别是发达国家如美国、德国、英国等。而在对旧工业遗产和城市的保护和可持续发展意识越来越强烈的大趋势下，对棕地的改建和再利用显得势在必行，而且受到越来越多人的关注。

棕地向公共场所的转型，极大程度地实现了对其用途的转变与新生和对周边居民生活环境和质量的改观（对于缓解社会矛盾也有重要作用），也标志着旧工业向新文化与新生态环境的良性转变。

根据不同的分类依据，可将棕地分为不同类型：

①根据污染源的不同 可将棕地分为物理性棕地、化学性棕地、生物性棕地。物理性棕地是由于埋藏在地下的有害固体废弃物而引起的，如铅、汞等重金属污染物，医疗垃圾；化学性棕地是由于化学物质引起的对人类、动植物的潜在危害——由于一些化学物质的自身特性，它们中的大多数对环境的危害不是在释放时就立即表现出来，而是需要经历较长的时间才能显现；生物性棕地是由于在分解动植物尸体的过程中，产生了有毒气体或渗出有毒液体，它们对自然环境或建筑物、构筑物也有一定的危害。

②根据棕地的改造目的不同 可将棕地分为工业性棕地、商业性棕地、住宅性棕地、公众性棕地。工业性棕地主要是指棕地适合改造成工业性用地；商业性棕地主要是指棕地适合改造成商业场所；住宅性棕地主要是指棕地适合改造成居民居住地；公众性棕地主要是指棕地适合改造成公众设施，方便公众日常娱乐健身。

③根据土地污染程度的不同 可将棕地分为轻度污染棕地、中度污染棕地和重度污染棕地。其划分标准可根据当地环保局制定的统一标准进行污染等级度量。

4.2.6.2 案例分析

（1）韩国首尔仙游岛公园

仙游岛公园位于仙游岛，古时候环境优美，随着时代的变迁成为了废弃的净水厂。2000年，首尔政府决定将仙游岛改造成为一个生态公园。政府希望"通过这个方案使该地块成为一个集教育、展览、休憩和娱乐于一体的场所，同时其景观必须是生态的、功能的、美观的，工业历史的痕迹不能抹灭"。仙游岛公园于2002年建成，占地约11 hm^2。

设计师通过保留、更新和再利用净水厂原有建筑和设施的方式来处理这片支离破碎的场地。在净水厂原有的空间框架内对原有价值进行挖掘，用一种新的语言重新诠释了工业元素，以完成场地从工业废弃地置换为后工业公园，并使其发挥了休闲娱乐和文化教育等多种功能。同时，将承载历史的水系和厂区内原始植被全部保留，以保持景观的原初性，并将水系作为公园中各个庭园联系的纽带。此外，还按照净水厂原来的净化流程设置了游园路线，使公园景观具有秩序性，不会因景观片段的零散而显得很混乱（图4-63至图4-69）。

图4-63 时间之间
（引自：《韩国首尔的城市记忆——工业废弃地上的城市公园》）

图4-64 水生植物园
(引自:《韩国首尔的城市记忆——工业废弃地上的城市公园》)

图4-65 绿柱之园
(引自:《韩国首尔的城市记忆——工业废弃地上的城市公园》)

图4-66 水质净化园
(引自:《韩国首尔的城市记忆——工业废弃地上的城市公园》)

图4-67 儿童戏水池
(引自:《韩国首尔的城市记忆——工业废弃地上的城市公园》)

图4-68 工业设施被改造游戏设施
(引自:《韩国首尔的城市记忆——工业废弃地上的城市公园》)

图4-69 公园鸟瞰
(引自:http://cache.baiducontent.com/c?m=9f65cb4a8c8507ed4fece763105e8d214a08c6382bd7a744258ac05f93130a1c1871e3cc767e0d04d1c67a7a03ab5406bfed22376a4376b8&p=c0769a4789934eaf5beed52c5c50bb&newp=8e759a45d5c05ffc57efca121b4e82231610db2151d4ce&user=baidu)

(2) 盖尔森基辛北星公园(Nordsternpark, Gelsenkirchen)

盖尔森基辛北星公园位于德国盖尔森基辛市西南部的豪斯特（Horst）和黑斯勒（Hessler）之间，由原北星煤矿厂旧址改建，面积约160hm^2。由设计师普里迪克（Wedig Pridik）、弗雷瑟（Andreas Freese）设计，1991年设计，1997年建成。

北星煤矿厂（Zeche Nordstern）的历史可以追溯到1858年，那时矿场还位于鲁尔区的最北端，然而由于鲁尔区采矿业的北移，它却逐渐成为了南端的矿场。

由于社会的变迁和产业结构的调整，北星煤矿厂在1993年被彻底关闭。矿场被埃姆舍河（Emscher）和莱茵—赫尔内运河（Rhein-Herne Kanal）分为两部分，北部是工业设施和废渣堆，南部是广阔未开垦的土地及工业时代所遗留下来的一些痕迹，周围为居民区。

北星公园是国际建筑展埃姆舍公园（IBA Emscher Park）中重要的内容之一，它加入了欧洲花园遗产网络（European Garden Heritage Network）和德国"工业遗产文化之路"（Route der Industriekultur）项目。1997年，两年一届的德国联邦园林展（Bundsgartenschau）在这里举办，通过展览会园林的建造，将废弃的工业景观改造为公园和居住环境（图4-70、图4-71）。公园的建造有3个目的：原矿厂的重新利用；建造公园及居住区；将豪斯特和黑斯勒两个原本分隔的区联系起来。

场地原有的冷却塔、煤仓、矿井架、采掘塔等建筑被保留下来，并得到了再利用。原工厂的服务性建筑变成了一些公司的办公室。公园的设计保存了工业时代的厂区结构，简单明了。如长而笔直的园路是利用了原来厂区的道路改造的，强烈和丰富的地形变化是利用原工厂生产留下的矿渣堆塑造的，在这些几何形陡峭的地形上覆盖着草皮、月季或常春藤，地形的设计都和煤矿开采有关。

北星公园内原有的63m长的采矿坑道经过改造变成一个博物馆，其中展示了北星煤矿厂的历史和矿工们曾经用过的遗物，1997年IGA联邦园林展曾经在此处建造了几处有特色的小花园。此处也设置了互动科普环节，让游客参与采矿的过程，每年4~10月旅游团体、学校组织、儿童参观全部免费（图4-72、图4-73）。

图4-70 盖尔森基辛北星公园在市内位置图

图4-71 盖尔森基辛北星公园平面图

（引自：http://www.nordsternpark.info/de/Funktionsnavigation）

图4-72 公园鸟瞰

图4-73 公园中的桥景观

（引自：http://www.snndy.com/famous/international/2013/1015/148.html）

4.3 社会主题

4.3.1 安全的社会

4.3.1.1 概念解读

2007年，联合国人居署（United Nations Human Settlements Programme，UN-HABITAT）实施了一项特殊的有关"安全城市"的计划，发表了《更安全城市战略（2008—2013）》，而巧合的是，"更为安全的城市和城镇"（Safer Cities and Towns）曾在2005年成为IFLA国际大学生风景园林设计竞赛的主题，组委会希望以此激励从事风景园林专业的人们就"景观怎样使城市和城镇变得更安全"的问题进行探索。对于更加安全的城市这一理念，命题者对"安全"一词有以下解释："可达的、活跃的、安全的，即是说居民和访客感到有助于开展活动的；不同类型的使用者感到可以接近的；公共空间的使用不存在过度的限制和障碍的形态。"将安全性诠释为远离犯罪；远离由交通工具造成的各种形式的伤害；为各年龄段提供用于游戏和休闲的安全的地点和场所。提供安全性还意味着创造一些具有挑战性的场地，在这里，年轻人可以检验自己面对危险的能力，学习怎样在不危及他人或不把自己不适当地置于冒险之中的情况下跳跃、平衡和躲避危险。

4.3.1.2 案例分析

(1) 美国Eddie Maestas公园——流浪者家园

①背景　公园坐落在一个被各种服务点包围的交通安全岛上，它们为流浪者和穷人提供服务。正对公园的还有一个由天主教慈善会经营的赈济处和庇护所。另外，还有一个叫作圣弗朗西斯中心（St. Francis Center）的日间收容所，流浪者在那里可以跟一名辅导员、一名护士或者就业的专家进行交流，离这里也只有几个街区的距离。

从法律的角度来说，在重新设计之前，Eddie Maestas公园作为一个"公园"已经存在了许多年，

图4-74　改造前的公园使用情况
（引自：http://www.youthla.org/2011/04/homeless-haven/）

被人称作"百老汇三角公园"。在当地的城市美化运动中，位于棋盘式街道布局的丹佛市中区对角线上的百老汇被扩大的同时，人们建立了5个三角形的空间，Eddie Maestas公园是其中最大的一个。

但它从未像一个公园，这里几乎没有植被也没有长椅。很多年前，市政部门曾经尝试种植草坪和树木，但用于灌溉整个场所的喷头经常被到这里闲逛的流浪者们肆意破坏，市政部门最终也不再去替换。多年来，这个公园就只是一个堆满污垢的土丘。常有流浪者喜欢坐在它们的阴凉里。由于经常有人在这里躺着睡觉或休息，当地警方将这个地方称作"海豹沙滩"，并且定期对其进行监视和管理。而街坊们把这里称作"流浪汉山（Hobo Hill）"。因为该公园位于市中心边缘的一个非常重要的十字交叉口，它让当地市民感到非常的尴尬（图4-74）。

②改造方案　2005年初，当开发商Brent Snyder开始在街对面建造一个新的经济适用房性质的公寓大楼之际，丹佛市得到了一小笔资金可以用于改善这个公园空间。他们委托的办公室就位于附近的INSITE工作室来帮助引导公众决策，并提出设计方案。

这个项目从一开始就没有一个简单的解决办法。就目前的情况看来，去建造或迁移一个流浪汉庇护所是几乎不可能的——谁都不希望自己的后院有一个庇护所——而且大量资金都被投入在了这里的厕所和卫生设备之上。所以，无论是公园的环境还是它被流浪者高频率使用的状况，改变的机会都不大。但设计师是否可以将公园转变

图4-75 公园鸟瞰　　　　　　　　　　　　　　图4-76 公园内场地的铺装纹理

（引自：http://www.youthla.org/2011/04/homeless-haven/）　　　（引自：http://www.youthla.org/2011/04/homeless-haven/）

为一个无论是让社区居民还是流浪者自身都更加自豪的地方和一个能够为使用者得到更多尊严的地方呢？

风景园林师们为了保留现有的、坐落在一座小山上皂荚树付出了特别的努力。为了避免伤及树根，设计师们保留现有的地势，用一座混凝土材质的挡土墙切入小山，将其余部分改造成一处平坦的、带有铺装的并设有休息长椅的场所。

由于该场地有犯罪活动和毒品使用历史，警方要求设计出的新空间需要有能够让救护车或巡警车可以停靠的人行道。并且由于使用频率高，其铺装表面需要易于清洁。鉴于这些制约因素和相对低的预算，INSITE工作室选择大面积地使用刷面处理的标准的灰色混凝土作为铺装，同时选择一个暗灰色的混凝土的铺装来强调沿着公园的边缘的路径。三角形是这一空间的亮点，一切都建立在三角形的基础上，所有的形式都遵循这一主题。当然，其中还包括一些与众不同的三角形种植区以增加变化。

选择植物时，要求无刺，不会被随意攀折而且无药用。他们选定了3种生命力强的遮阴树种：银杏、悬铃木和卡勒梨。尽管银杏和悬铃木在许多东海岸城市运用非常普遍，选择的原因是其在科罗拉多州还很少使用，它们像许多城市一样，丹佛试图建立起一个更加多样化的城市森林，这样可以防治病虫害。和丹佛的其他花圃一样，这个公园设有灌溉系统。为了再次确保流浪者们不会对它们造成破坏，设计师们采用了地下灌溉的形式（图4-75、图4-76）。

(2)挪威德拉门改造模式

①历史背景　在过去，德拉门地区深受区域性过境交通之害。当人们从形态破碎的街区向外撤出，躲避受污染的河流时，德拉门也顶着"挪威最丑陋的城镇"的名声，被当地人遗弃。但是这样的印象被逐步、彻底地改变了。20世纪80年代晚期，德拉门市政府联合工商业，被迫采取了初步行动以改善环境。除了大量的污染问题之外，居住和商业性开发活动在镇外产生，也使得街道和社交场所从以往人们生活的市镇中心慢慢褪去。德拉门市政府，像挪威其他众多的工业城市一样，面临着主要来自就业、商业政策、经济方面的压力。

②改善环境，公众参与　减缓恶性循环的第一项主要计划产生于1986年，挪威环境大臣发起了针对德拉门制订的"绿色计划"。这项由国家出资的行动包括了对德拉门河的清理，之前城市生活污水与造纸业废水的排放污染了河水，造成了河流沿岸有害健康的危险环境。庞杂的清理工程中，有一部分是铺设几千米长崭新的下水管道和新建污水处理厂。经过10年的治理，德拉门河以及一条峡湾支流变得比第二次世界大战之前更干净了。这些举措，对城镇进一步发展的机

会和规划蓝图的描绘，提供了必要的新活力和新保证。

新世纪伊始，德拉门的市民们被邀请并参与对更长远发展策略的抉择。获胜方案是"自然城市之地"，它描绘了这样一幅场景：城镇能够亲近周围的山丘、河流和自然，伴随着与工业的认知相符合的充满生气的文化生活。这个途径与20世纪90年代相似，构成了所谓的"德拉门模式"——着重于创造最初迷人的概念和想象之美景，并由市民和专家协作完成，合作贯穿于组织过程和实施过程，即涉及规划的实施和具体解决方案及建筑立面设计的阶段。此外，德拉门还展现出在筹集项目资金、开展计划和规划方面的能力。

德拉门成功的一个重要因素是参与者：规划师、政客、公众、经济参与方，每个人都证明了他们有强大的能力达成基本协议、始终如一地贯彻将德拉门建成"更大、更好、更具地位的城镇"这一目标。这个目标早在1991年就已设立。德拉门实现了它最初的梦想，一个充满活力的、有机的"自然城市之地"。

③措施与模式 在设计之初，在空间干预上优先发展的几个额外区域被划定：

更新路网系统：在河流两侧的山丘里建隧道，把主干道放在西边，中心城区的道路就能成为噪音小、污染少的街道。为了更有效地处理好南下到达奥斯陆的交通，贴着旧桥建造的新桥将E18高速公路从两车道拓宽到了四车道。自行车道的网络体系建立在改造过的街道里。步行者、自行车和公共汽车的可达性一直是这座城市规划中重要而完整的部分。

强化城市中心：从过去到现在，一条明确界定的城市轴线一直是强有力的核心，它将周围的山丘一个个彼此相连，并与城市通过河流相连接。轴线穿过了火车站这个最重要的公共运输节点，还有主广场、主教堂、中央运动场、电影院和博物馆等。通过逐步提升城市质量和中心聚会场所，城外大型购物商场遭受挑战，而街道生活又回来了。中心区历史建筑和主要公共空间——Bragernes广场得到了更新和修复；精心设计的崭新的街道家具、照明和公共设施也进行了安装。作为项目的补充，还能见到在市中心进行住房密集化的计划，以及为了巩固德拉门知识产业进行的大量工作。在这里最优先考虑的是可持续性，以及一个能够增强可达性和城镇—滨河区域之间可识别性的规划。河岸成了受欢迎的聚会地点，由此还带动了水上运动和公共生活。项目的目标就是"将河道还给城市"。

河畔、绿色空间和公园：河岸被设计成德拉门峡谷中央的公园大道。市政规划保护了河道的历史景观与自然景观，与此同时，为河岸两侧的公园和人行道提出了范围更广的发展规划。这些工作从20世纪90年代初期就已开始，仍然是优先发展的对象。现在沿河已经有了10座公园和7km长的步道（图4-77至图4-79）。

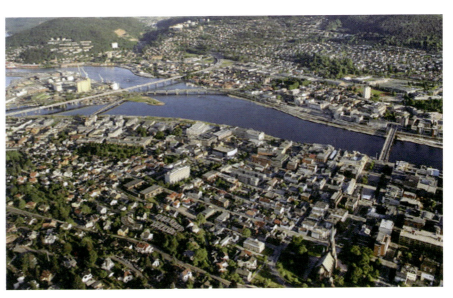

图4-77　德拉门地区鸟瞰

（引自：http://www.youthla.org/2012/03/naturbania-the-drammen-model/）

图4-78 改善的步行系统
(引自：http://www.youthla.org/2012/03/naturbania-the-drammen-model/)

图4-79 改善的河畔大道
(引自：http://www.youthla.org/2012/03/naturbania-the-drammen-model/)

4.3.2 康复的花园

4.3.2.1 概念解读

20世纪50年代后，美国日渐程式化的医疗建筑设计，产生了很多负面影响，一种以病人为本的全新园林设计理念，在户外辅助治疗的康复花园于90年代开始出现。现在西方国家的设计师们运用康复花园的经验和理念，在医疗诊断的基础上针对特殊病人对花园的要求进行设计。还有专门为成人和儿童生理复原、精神治疗、老年痴呆、烧伤、艾滋病和癌症患者建造的花园等，很多领域有待深入研究。

康复花园的功能体现在以下方面：

● 减轻压力，使身体达到良好的平衡状态；

● 帮助病人增强自我康复能力；

● 帮助病人获得常规医疗不能达到的疗效；

● 创造一种良好的环境，方便医生给病人理疗和进行园艺治疗；

● 为医院工作人员提供减缓工作压力的场所；

● 在医院内部，为病人和访客提供安静平和的互动环境；

● 创造更多锻炼身体和运动的机会；

● 有更多自由选择的机会，可以找到一些私密空间，进行自我控制能力的训练；

● 通过景观设计，形成社交向心空间（这种空间鼓励人们面对面交流，例如，圆形圈椅围成的内向型小空间，可以增强非正式社交机会，营造交流和谈话的氛围，提供亲密交往机会，产生面对面的群体感受）。促使人们聚会交流，通过社交活动，增进身心健康；

- 亲近自然，分散注意力。

4.3.2.2 案例分析

(1) 俄勒冈烧伤中心花园

美国俄勒冈烧伤中心隶属于"莱荚西医疗系统"（波特兰大都市区第二大医疗系统），该医疗机构率先在保健医疗服务中采用园艺疗法。莱加西俄勒冈烧伤中心由美国烧伤学会和美国外科医师学会认证，在烧伤评估、治疗和康复领域具有领先水平。它也是西雅图和萨克拉门托之间唯一能够为俄勒冈和华盛顿西南区提供烧伤医疗服务的机构。

园艺治疗小组受俄勒冈烧伤中心工作人员之邀考察了毗邻烧伤中的旧庭院。通过与医务人员、管理部门、患者及家属一起合作，风景园林师、医务人员和园艺治疗师共同举办了3次设计研讨会，确定了花园设计必须满足的特殊护理要求和设计目标，使方案能够将花园设计和患者护理结合起来。

康复花园作为一种医疗保健设施，应该为患者营造出与大型医疗机构截然不同的轻松氛围。在此，风景园林师将愿景变为现实，为患者、医务人员和探访者创造出一处亲切如家的花园（图4-80）。因为患者也参与到设计之中，因此设计团队了解烧伤科患者独特的治疗体验就显得至关重要。患者及家属的许多观点对最终方案的确定起到指引作用。如采用草坪和舒适的小型休憩区，选用移动式木家具等要素就是设计研讨会的结果。

这个封闭式庭院花园占地面积约1115m²（图4-81）。其特殊需求和目标为：

- "摆脱"无菌医院环境：设计替换掉花园中原有铺装和稀疏植被，取而代之的是新构筑物和郁郁葱葱、季相丰富的绿化种植。圆形草坪区构成花园的视觉焦点，营造出居家般的熟悉感。地面采用容易清洁的铺装，以减少病人感染的风险。人性化尺度的构筑物不仅可以存储园艺工具，还可作为医务人员的治疗设施。移动式木制家具可增加患者和家属使用花园的自控性。

主题花园：　　底图（景点）：
1. 蝴蝶花园　　A. 顶篷式入口坡道
2. 感官花园　　B. 遮阴活动区
3. 果园　　　　C. 凉亭
4. 庭荫园　　　D. 集体活动区
5. 多年生花园　E. 员工花园
6. 西北乡土花园 F. 储物间
7. 芳香园　　　G. 喷泉
8. 岩石园　　　H. 草坪
9. 热带花园　　J. 鸟浴盆
　　　　　　　K. 玫瑰棚
　　　　　　　L. 移动式桌凳
　　　　　　　M. 长凳
　　　　　　　N. 堆肥器（箱）
　　　　　　　O. 抬升式的蔬菜及草莓种植槽
　　　　　　　P. 带扶手栏杆的混凝土步道
　　　　　　　Q. 园门
　　　　　　　R. 庭荫树
　　　　　　　S. 观花小乔木
　　　　　　　T. 石墙
　　　　　　　U. 加护病房
　　　　　　　V. 病房
　　　　　　　W. 急诊室员工入口
　　　　　　　X. 员工出口

图4-80　花园总平面图

（引自：《美国当代康复花园设计——俄勒冈烧伤中心花园》）

图4-81 花园鸟瞰

(引自：《美国当代康复花园设计——俄勒冈烧伤中心花园》)

● 户外遮阴及保护元素：新栽植的乔木和几处增置的遮阳设施为患者提供荫蔽。2个构筑物兼备遮阴和挡雨功能，花格式构筑物则可攀爬葡萄（图4-82）。这些构筑物营造出独立而私密的花园户外空间。花园使得患者家属从烧伤科临床环境中解脱出来。入口进入花园的斜坡上方设置雨篷。

● 辅助和治疗资源：从烧伤中心到花园的自动化主入口采用坡度平缓的无障碍通道（图4-83）。

图4-82 凉棚为烧伤患者提供荫蔽

(引自：《美国当代康复花园设计——俄勒冈烧伤中心花园》)

图4-83 治疗步道可供轮椅平转

(引自：《美国当代康复花园设计——俄勒冈烧伤中心花园》)

图4-84　喷泉、高山岩石园及纹理花园

（引自：《美国当代康复花园设计——俄勒冈烧伤中心花园》）

2个安全门位于花园对角处，特定时间开放。花园为患者提供全方位服务。从开始治疗时患者卧病在床，到他们开始获得行动能力，通过使用轮椅重新习步，参观花园。复式插座遍布各处，便于患者在园内可以便捷地使用各种医疗设备。花园适用各年龄段患者，从蹒跚学步的幼儿到年长体弱的老人。园中采用多种用于物理治疗的铺装材料。各种抬高的组合种植床使得患者可以近距离地接触植物，不管是卧病在床，还是辅助使用轮椅、助行器或拐杖。几个大型花钵为患者提供了积极的园艺治疗活动场地，他们可以采摘草药、蔬菜和花卉。患者在享受园艺活动的同时并不会意识到他们实际上正在接受治疗。混凝土、碎石和草坪可供患者在变换材质的铺装上习步（图4-84、图4-85）。位于边缘的散步道设置扶手，为练习行走的患者提供辅助。花园中流水潺潺，有助于患者及家属休息、观察和静思。烧伤中心花园设置了几处主题种植区。主题花园重点围绕植物开展各种园艺治疗活动。包括太平洋西北区乡土花园、阳光花园、庭荫花园、多年生花园、高山植物花园、食用植物花园、色彩纹理花园和芳香园。

● 隐私和安宁：毗邻烧伤中心的一处小角落设计为医护人员专用休憩区。员工休憩区被高大的

图4-85　圆形草坪及不同材质的习步区

（引自：《美国当代康复花园设计——俄勒冈烧伤中心花园》）

常绿绿篱围合，装饰性的小园门界定了这处私密空间。

园中的不透水铺装均可向四周绿地排水。雨水最终可通过花园周围的一系列生态洼地进行过滤，重新回渗到土壤中。

园艺治疗师负责管理和维护提供干预治疗的室外花园，并为患者和家属开发一些独立性的活动。这个花园是成功的，因为患者和医务人员都对它具有拥有感，他们自行为花园装点装饰小品、艺术品和其他工艺品。访客可以在留言簿上留下意见，总结他们的恢复历程。

植物种植：种植是花园的重要组成部分。多样化的植物配置可以产生趣味性的季相变化，而鼓励人们互相交往正是康复花园的基石。提供遮阴是花园成败的关键因素。

种植设计的第一步是确定各种植区主题。不同分区的主题园可以使园艺治疗师结合植物讲述故事，患者也可以参与活动。太平洋西北乡土花园，患者可以探索和交谈他们在散步时可能看到有关植物品种。

除了地面种植床外，环绕花园还设置几个大型花钵。这些花钵为使用轮椅或步行辅助器的患者提供种植区。花钵也成为园艺治疗方案的组成部分。几个花钵种植了蔬菜和草药，患者可以自行栽植和采摘。

风景园林师通过与医务人员和患者的共同合作，将这处原本平淡空旷的空间改造为一个集保护、康复、和平于一体，郁郁葱葱的康复花园。

(2)梅西癌症中心康复花园

梅西癌症中心位于美国东海岸弗吉尼亚州的弗吉尼亚联邦大学里士满校区（Virginia Commonwealth University in Richmond，VCU），是一个集癌症研究、教育与疗养为一体的机构。VCU梅西癌症中心康复花园是位于梅西癌症中心建筑屋顶的一个面积为12m×24m屋顶花园（图4-86至图4-89）。康复花园于2005年开始建设，2006年建成开放。

①设计任务　康复花园在卫生治疗机构与设施中的价值已经被相关研究成果证明，并且获得了普遍接受。梅西癌症中心致力于在其新建的现代化癌症研究机构建筑外，紧邻护理病人的医院为其病人、访客、工作人员和志愿者提供健康的

图4-86　花园景观方案

（引自：《一个抚慰身心的场所——梅西癌症中心康复花园》）

图4-87 花园中部景观

(引自:《一个抚慰身心的场所——梅西癌症中心康复花园》)

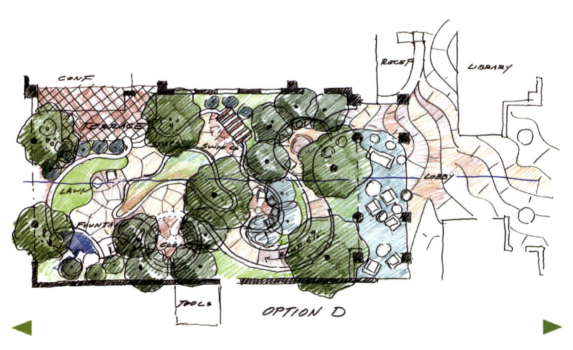

图4-88 花园景观方案

(引自:《一个抚慰身心的场所——梅西癌症中心康复花园》)

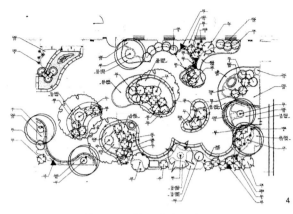

图4-89 花园种植设计图
(引自：《一个抚慰身心的场所——梅西癌症中心康复花园》)

环境。

②设计过程 设计过程包括了一个持续多天、现场的设计交流研讨会。研讨交流过程中，风景园林师促成了团队成员间的协作并且就设计目标、场地存在问题与设计元素达成了一致。项目团队希望利用这些元素创造一个能够抚慰心灵的景观场所。根据团队讨论成果，设计师完成了多套花园景观设计备选方案用来评估。同时设计师还为方案推荐建造了一个团队成员可以行走体验的全尺寸立体景观模型。

③计划的设计元素 在交流研讨过程中，项目团队选择以下必要的花园设计元素：

- 满足单人、少量人或群体使用的各种尺寸的凹入式休息空间；
- 允许乘轮椅病人接近座椅或长凳的小空间；
- 方便老年人或身体虚弱者使用的具有扶手和靠背的舒适座椅；
- 方便个性化布置与调整实现晒太阳或遮阴的可移动座椅；
- 用于家人亲密就座与分享共同体验的秋千式长椅；
- 方便所有公园使用者舒服地行走或者有节奏地穿越花园的2m宽、没有反光的ADA材料的慢步道；
- 设计高度从膝盖到臀部进行变化的、曲线形、可接近的种植岛，用来分隔空间、减少硬质地表的面积、提供额外的休息座椅，增加景观空间的丰富性；
- 在花园周边凸起的种植床或种植岛中配置多样的、细致的、珍稀的植物，创造出一个变化的、有弹性的生命环境；
- 创造多种多样的阴影区和光照区，形成夏季具有较多阴凉、冬季具有较多阳光的舒适性季节景观；
- 应用由本地工匠设计的高品质的雕塑与室外艺术品，表达自然、乐趣、生命与自然循环的主题；
- 使用小型的、可触的、干净的水景，为花园提供"白色噪声"（white noise）以保护私人谈话，同时满足人的触觉与动态的景观体验；
- 设置简单的、非主题式的、可接近的植物种植容器，用于种植每年可更换的彩叶植物；
- 形成良好的室内外空间的景观可见性，以进一步展示康复花园，拓展它的康复作用；
- 增强康复花园与其他邻近景观和城市间的景观可见性，使康复花园看起来更大，并且与外面的世界融为一体。

④种植设计

- 具有柔和的、可以抚慰心灵颜色的植物，彩色蜡笔色是花园色调的主导色彩；
- 有观花和常绿的植物材料；
- 无香味或者香味尽可能淡的植物，因为化疗病人具有很低的嗅觉耐受力；
- 不结果的植物，避免果实污染花园步道和吸引鸟群来到花园，通过其粪便引入病原体；
- 虫害发生率较低的植物，避免相应杀虫剂的使用；
- 与癌症治疗药物相关的植物，使癌症患者能够直接了解一些关于治癌药物知识，即一些来自自然界的药物，比如紫杉（*Taxus cuspidata*）可以提取紫杉醇生产治疗乳腺癌的药物、长春花（*Catharanthus roseus*）可以提取长春碱生产治疗前列腺癌的药物、秋水仙（*Colchicum autumnale*）的鳞茎可以提取生物碱生产治疗血癌的药物；
- 怀旧的、乡村式的老式花园的植物，包括荚蒾属（*Viburnum*）与溲疏属（*Deutzia*）的植物。

图4-90 秋千座椅
(引自:《一个抚慰身心的场所——梅西癌症中心康复花园》)

2014年,赫布·史卡尔先生组织了一次梅西癌症中心康复花园项目评价反馈会,参加人员包括项目前期组织工作人员、志愿者及参与花园建设的患者。反馈结果很鼓舞人心,表明花园设计完全实现了预期目标——引导病人对生命和健康的积极治疗态度。花园的使用率很高。

使用者发现康复花园中特别吸引人的景观元素包括:可触摸的水景、花园艺术品、秋千长椅(图4-90)、开花植物。这表明,越是感知性与参与性强的景观元素,越能帮助病人转移他们的注意力,重新建立积极的生活态度。

4.4 结语

纵览20多年来国内外风景园林大学生设计竞赛的选题,大部分选题方向都是跟世界范围内风景园林的研究热点密切相关的,这些题目也对于各国风景园林教育具有一定的引导作用。如上所述,这些研究热点可以归结为三大主题:文化主题、生态主题和社会主题,而每个主题下又可包含若干子课题,如文化主题包括古村落保护、历史街区保护等物质文化遗产的保护,也包括非物质文化遗产保护的方面,还有一直作为风景园林设计热点的纪念性景观设计的课题;生态主题包括多个方面,如较为传统的棕地改造、滨水景观设计、湿地系统规划等课题,雨水花园、雨洪管理规划、绿道的可持续发展设计、野生动物生态廊道等是20世纪90年代发展起来的概念,近年来仍然获得了持续的关注,而绿色基础设施、生态基础设施等概念是21世纪的风景园林设计理论新发展,全球范围内有很多学者在持续关注和研究,层出不穷的论文和著作等研究成果和实践项目在不断充实着其理论框架;社会主题包括安全城镇、环境和谐等问题,而康复花园的设计也是近几年新兴的风景园林实践,专门为老弱病残者、行动不便者设计的康复花园在多个方面和细节上都要求以满足这些特定目标人群的特殊需求为原则,康复花园实践项目的不断丰富和发展,必将使风景园林设计越来越趋于人性化,而以人为本,本来就是风景园林发展的基石和源头,为老弱者和无家可归者设计的花园项目的不断涌现,使得风景园林行业的发展迈出了十分重要而又有意义的一步。

掌握上述前沿课题,并合理而富有创造性地运用于风景园林实践中,对于培养具有创新意识、面向未来的风景园林专业毕业生具有重要的意义。以IFLA为例,IFLA作为国际风景园林师的联盟和统一组织,更加关注风景园林领域对于全球生态系统、文化价值和人的生活的关系,更关注风景园林师自身的价值,以及通过他们的努力对世界的自然、文化、人类生存与生活所能起到的作用。在当今的世界,风景园林作为一门重要的交叉学科,其研究的领域在不断扩大,更加强调设计的生态性和科学性。在此大背景下,中国的风景园林教育和实践的发展也越来越关注生态和环境的问题,并且已上升到生态文明、和谐社会的认识高度。以北京林业大学为先导的中国风景园林教育已不仅仅把眼光局限在风景园林学科自身，不再仅仅关注设计本身的形式和美学范畴，种植设计也不再仅仅为了满足视觉美的要求，而是更多地向生态化、可持续的方向发展，力求使设计实践更加科学合理，为此很多先进的技术手段介入到规划设计中来，而风景园林也在和多学科进行跨学科合作，如生态学、环境学、社会学、计算机科学等，清华大学吴良镛教授提出了"人居环境科学"这一突破性的理论，包括风景园林在内的多学科通力合作，最终共同构成人居环境科学这一系统，为人类生活的地球做出应有的贡献，这是风景园林学科应尽之责，也是必然的发展方向。为了响应这一发展趋势，我们有必要培养国内风景园林专业大学生参加 IFLA 风景园林设计竞赛、IFLA 亚太区风景园林设计竞赛、中日韩风景园林设计竞赛、中国风景园林学会年会设计竞赛、ASLA 设计竞赛、"园冶杯"设计竞赛等，引导参赛学生思考人居环境的未来，思考风景园林该往何处去，训练他们运用科学的手段、学科交叉的研究成果解决风景园林实践中的问题。

参考文献

布莱恩·E·贝森，佘美萱．2015．美国当代康复花园设计：俄勒冈烧伤中心花园 [J]．中国园林，01：30-34．

曹宇宁．2011．中日乡村旅游空间结构比较研究 [D]．杭州：浙江工商大学．

曹悦．2010．都市山水设计师——劳伦斯·哈普林 [J]．农业科技与信息（现代园林），05：34-36．

陈可石，杨天翼．2013．城市河流改造及景观设计探析——以首尔清溪川改造为例 [J]．生态经济，08：196-199．

陈志元．2014．美国城市公园生态设计实践——以纽约高线公园为例 [J]．城市建筑，06：214，216．

崔曦．2012．城市场所功能更新——以纽约高线公园为例 [J]．北京规划建设，06：100-103．

大卫·坎普，王玲．2007．每个人的花园——伊丽莎白和诺娜·埃文斯康复花园 [J]．城市环境设计，06：36-41．

戴代新，乔治·弗兰兹．2014．劳伦斯·哈普林景观实践中的生态智慧及当代启示 [J]．风景园林，06：40-44．

刁荆石，陆诗蕾，谢燮，等．2014．明日落脚城市——景观基础设施引导广州城中村落再生 [J]．风景园林 (5)：68-69．

冯利芳．2012．功在当下 造福千秋——珠三角绿道网建设的调查报告 [J]．城市发展研究，02：1-6．

付艳茹，裘鸿菲．2013．基于感官体验的儿童康复花园设计 [C]．//中国风景园林学会．中国风景园林学会2013年会论文集（上册）．

甘欣悦．2015．公共空间复兴背后的故事——记纽约高线公园转型始末 [J]．上海城市规划，01：43-48．

高若飞，那钦，高欣．2007．海德公园中的水石项链 戴安娜王妃纪念喷泉解析 [J]．风景园林，03：78-83．

韩林飞．2009．北京 VS 巴黎——中法新城发展对比与思考 [J]．北京规划建设，06：108-111．

杭夏子，邰春丽，袁喆，等．2014．城乡绿道建设探析——以广东珠三角绿道建设为例 [J]．南方园艺，01：40-43，47．

何昉，康汉起，许新立，等．2010．珠三角绿道景观与物种多样性规划初探——以广州和深圳绿道为例 [J]．风景园林，02：74-80．

何永．2004．清溪川复原——城市生态恢复工程的典范 [J]．北京规划建设，04：102-105．

赫伯特·R·斯卡尔，张善峰．2015．一个抚慰身心的场所：梅西癌症中心康复花园 [J]．中国园林，01：24-29．

胡滨．2013．纪念空间：消失与再现、纪念与记忆 [J]．建筑师，05：14-19．

胡珊．2012．法国波尔多 Chartrons 城市街区改造研究 [J]．沈阳农业大学学报（社会科学版），04：484-488．

胡晓岚．2008．美国华府越战纪念碑研究 [D]．中央美术学院．

简圣贤．2011．都市新景观 纽约高线公园 [J]．风景园林，04：97-102．

克莱尔·库珀·马科斯，罗华，金荷仙．2009．康复花园 [J]．中国园林，07：1-6．

雷建林，唐青雕，李燕．2009．浅析新农村建设中古民居保护与利用——以中国历史文化名村干岩头村为例 [J]．中国文物科学研究，04：25-27．

雷鸣，叶全良．2008．日本乡村旅游发展的路径与启示 [J]．亚太经济，05：61-63．

雷艳华，金荷仙，王剑艳．2011．康复花园研究现状及展望 [J]．中国园林，04：31-36．

冷红，袁青．2007．韩国首尔清溪川复兴改造 [J]．国际城市规划，04：43-47．

李海，白娜．2008．中国历史文化名村旅游资源开发探析——以四川省攀枝花市迤沙拉村为例 [J]．全国商情（经济理论研究），01：110-111．

李建平．2011．传承与创新：珠三角绿道网规划建设的探索 [C]．//中国城市规划学会、南京市政府．转型与重构——

2011中国城市规划年会论文集.

李京鲜,曾玲. 2007. 韩国首尔清溪川的恢复和保护[J]. 中国园林, 07: 30-35.

李涛. 2011. 从废弃的高架铁路到纽约市民的公共大阳台[D]. 南京: 南京林业大学.

厉涵. 2011. 世界文化遗产——日本·广岛和平纪念公园[J]. 时代主人, 07: 25.

林诚斌. 2010. 中国历史文化名村及其保护对策[J]. 古今农业, 02: 111-117.

林林,阮仪三. 2006. 苏州古城平江历史街区保护规划与实践[J]. 城市规划学刊, 03: 45-51.

林箐. 2000. 美国当代风景园林设计大师、理论家——劳伦斯·哈普林[J]. 中国园林, 03: 53-56, 98.

林伟强,邱鹍. 2013. 珠三角绿道规划中慢行交通设计的经验及启示[J]. 公路交通科技(应用技术版), 12: 105-108.

林樱. 1988. 华盛顿越战纪念碑,美国[J]. 世界建筑, 01: 69.

林永锦. 2007. 侠骨柔情"铸"平江——访平江历史街区总规划师阮仪三[J]. 建筑与文化, 09: 34-35.

刘海龙,孙媛. 2013. 从大地艺术到景观都市主义——以纽约高线公园规划设计为例[J]. 园林, 10: 26-31.

刘健. 2011. 法国国土开发政策框架及其空间规划体系——特点与启发[J]. 城市规划, 08: 60-65.

刘健. 2013. 法国历史街区保护实践——以巴黎市为例[J]. 北京规划建设, 04: 22-28.

楼庆西. 2006. 新农村建设中亟待保护的古村落[N]. 中国建设报, 07-28007.

马凤阳. 2011. 空中花园——尊重地域特色的高线公园[J]. 大众文艺, 15: 283-284.

马向明,司马晓,叶枫,等. 珠三角绿道建设[J]. 风景园林, 06: 150-157.

梅文兵,李琨. 2008. 浅述韩国清溪川设计理念中的历史、现代与自然的融合[J]. 广东轻工职业技术学院学报, 02: 75-77.

木青. 2005. 戴安娜王妃纪念园[J]. 中国园林, 08: 54-55.

祁祎,熊锐. 2011. 缝合——城市公园综合体[J]. 风景园林(12): 60-61.

任维. 2013. 美国康复花园个案探究[J]. 丽水学院学报, 04: 121-128.

阮仪三,刘浩. 1999. 苏州平江历史街区保护规划的战略思想及理论探索[J]. 规划师, 01: 47-53.

苏珊·K·韦勒,刘博新. 2015. 约翰霍普金斯医院的康复花园[J]. 中国园林, 01: 18-23.

孙海燕,刘嘉,冯姿霖,等. 2013. 逃离视线监狱[J]. 风景园林(6): 46-47.

锁秀,何昉. 2012. 道者,自然之理——浅析珠三角绿道网规划建设的价值[J]. 广东园林, 03: 20-23.

陶峰,张程,王娅,等. 2013. 植·筑之间——浅析纽约高线公园的重生与反思[J]. 赤峰学院学报(自然科学版), 17: 130-132.

汪瑜. 2011. 曼哈顿的空中花园——纽约高线公园[J]. 花木盆景(花卉园艺), 06: 40-42.

王军,王淑燕,李海燕,等. 2009. 韩国清溪川的生态化整治对中国河道治理的启示[J]. 中国发展, 03: 15-18.

王倩,周叶青. 2007. 文化遗产保护和利用的意义——以中国历史文化名村武汉市黄陂区木兰乡大余湾村为例[J]. 法制与社会, 02: 672-673.

王汀. 2012. 融入民居环境的商业空间[D]. 苏州: 苏州大学.

王宇. 2012. 自闭症儿童康复花园设计策略研究[D]. 哈尔滨: 东北林业大学.

王子强. 2012. 历史文化街区空间结构设计初探——以苏州平江历史街区为例[C].//中国城市科学研究会、广西壮族自治区住房和城乡建设厅、广西壮族自治区桂林市人民政府、中国城市规划学会. 2012城市发展与规划大会论文集.

闻雪浩,阮晶晶,闻建. 2012. 都市圈地区绿道的多功能建设初探——以珠三角绿道建设为例[C].//中国城市规划学会. 多元与包容——2012中国城市规划年会论文集(10.风景园林规划).

伍乐平,肖美娟,苏颖. 2012. 乡村旅游与传统文化重构——以日本乡村旅游为例[J]. 生态经济, 05: 154-157.

夏媛,夏兵,李辉,等. 2011. 基于生态功能保护原理的绿道规划策略探讨——以珠三角绿道规划为例[J]. 规划师, 09:

39-43.

项琳斐. 2010. 高线公园, 纽约, 纽约州, 美国 [J]. 世界建筑, 01: 32-39.

辛泊雨. 2013. 日本乡村景观研究 [D]. 北京：北京林业大学.

徐东辉, 郭建华. 2012. 珠三角绿道网规划、建设和实施全过程中的探索与创新 [C]. // 中国城市规划学会. 多元与包容——2012中国城市规划年会论文集（09. 城市生态规划）.

徐东辉. 2012. 宜居城市建设之"道"——珠三角绿道网规划建设实践与实施成效 [C]. // 中国城市科学研究会、广西壮族自治区住房和城乡建设厅、广西壮族自治区桂林市人民政府、中国城市规划学会. 2012城市发展与规划大会论文集.

徐东辉. 2014. 珠三角绿道网规划建设实践与实施成效 [J]. 华中建筑, 09: 125-130, 143.

严国泰, 朱夕冰. 2014. 历史街区"文脉"保护规划研究——解读苏州平江历史街区文化遗产 [J]. 中国园林, 11: 82-84.

颜仕英. 2004. 林璎与越战纪念碑 [J]. 侨园, 03: 35.

杨春侠. 2010. 悬浮在高架铁轨上的仿原生生态公园——纽约高线公园再开发及启示 [J]. 上海城市规划, 01: 55-59.

杨桂荣. 2007. 历史街区旅游开发模式研究 [D]. 上海：同济大学.

杨立. 2011. 美国华裔艺术家林璎和她设计的越战纪念碑 [J]. 文史天地, 11: 68-74.

杨立成. 2012. 林璎作品及设计思想研究 [D]. 郑州：河南大学.

杨小平. 2010. 记忆的展示和表象空间的构建——以广岛原爆记忆的保存和展示为中心 [J]. 马克思主义美学研究, 01: 239-251.

姚亦锋. 1990. 美国风景设计大师劳伦斯·哈普林 [J]. 中国园林, 04: 12.

佚名. 广岛和平纪念公园 [EB/OL]. (2014-01). http://www.archreport.com.cn/show—6-1780-1.html.

应君, 曹悦燕, 胡子良. 2008. 为健康而设计——伊丽莎白及诺娜·埃文斯康复花园设计及其启示 [J]. 规划师, 04: 87-90.

张斌, 郭玉京, 何欣. 2009. 城市边缘的绿色脉络 [J]. 风景园林 (5): 28-29.

张弛, 澄蓝. 1992. 劳伦斯·哈普林的环境设计思想 [J]. 新建筑, 03: 36-39.

张晓乐, 文剑钢, 刘强. 2011. 江南水乡景观形象探析——以苏州古城平江历史街区为例 [J]. 城市观察, 03: 139-144.

张玉钧, 张英云. 2012. 市民参与型的乡村景观保护——以日本海上森林国营里山公园建设为例 [J]. 中国生态农业学报, 07: 838-841.

赵烨, 刘晓彤, 张天骋, 等. 2013. 璎珞——穿越时空的体验 [J]. 风景园林 (6): 59-60.

郑玉歆, 郑易生. 2003. 自然文化遗产管理——中外理论与实践 [M]. 北京：社会科学文献出版社.

钟雪飞, 钟元满. 2010. 西雅图高速公路公园的设计理念 [J]. 城市问题, 05: 90-93.

周卜颐. 1991. 美国越战纪念碑与青年商会总部的全美设计竞赛 [J]. 建筑学报, 02: 14-17.

朱晗, 陈如一, 谭喆, 等. 2011. 就山·救山C+C策略——北京市南窖乡花港村矿山采掘业转型期景观设计探究 [J]. 风景园林 (12): 73-74.